# WIE FINDET MAN NORDEN OHNE KOMPASS?

Originaltitel: *How do you find North without a Compass?*
ISBN der Originalausgabe: 978-1-78739-073-7



Übersetzung aus dem Englischen: Eva Sixt
Redaktionelle Mitarbeit: Dr. Stephan Matthiesen
Redaktion und Lektorat: Anke Wellner-Kempf
Satz: Anke Wellner-Kempf
Coveradaption: Beate Lennartz

Gesamtherstellung: Ullmann Medien GmbH, Rheinbreitbach
ISBN 978-3-7415-2390-8
10 9 8 7 6 5 4 3 2 1

www.ullmannmedien.com

FSC
www.fsc.org
MIX
Papier aus verantwortungsvollen Quellen
FSC® C129466

Erwin Brecher

# WIE FINDET MAN NORDEN OHNE KOMPASS?

## UND ANDERE RÄTSEL AUS DER WELT DER WISSENSCHAFT

h.f.ullmann

# *DANKSAGUNG*

Bei allen unseren Bestrebungen erreichen wir ohne die Unterstützung, Ermutigung und Hilfe anderer nur wenig. Dieses Buch bildet keine Ausnahme. Als ich es zu schreiben begann, hatte ich großen Respekt vor dieser Aufgabe.

Die Rätsel haben unterschiedliche Ursprünge. Viele habe ich selbst konstruiert und die „Oldies“ sorgfältig ausgewählt, um möglichst Vielfältiges und Kurioses zu bieten und die Besten unter den Rätselfreunden herauszufordern. Vielen Rechteinhabern bin ich für die Erlaubnis, Material aus ihren Büchern verwenden zu dürfen, zu Dank verpflichtet: Scot Morris, dessen *Omni Games* eine Fundgrube waren; Marin Gardner, der Altmeister der Rätselerfinder; Victor Serebriakoff und Octopus Publishing; Emerson Books Inc.; Philip Carter, Ken Russell und Sphere Books; Wide World / Tetra; *Encyclopedia Britannica*; *The Little, Brown Book of Anecdotes*; Sterling Publishing Co., Inc. 387 Park Avenue South, New York, NY 10016, für Material aus *The World's Best Puzzles* von Charles Barry Townsend, © 1986 Charles Barry Townsend; *The Moscow Puzzles* von Boris A. Kordemsky, Hg. Martin Gardner, übers. von Albert Parry (Penguin Books, 1975), © Charles Scribner's Sons, 1972; *Riddles in Mathematics* von Eugene P. Northrop; *Classic Puzzles* von Philip Carter und Ken Russell, Blandford Press; Christopher Maslanka für Material aus *The Guardian Book of Puzzles* (Fourth Estate, 1990); Michael Holt für Material aus *More Math Puzzles and Games;* Paul Sloane für Material aus *Lateral Thinking Puzzles;* Pierre Berloquin für Material aus *Games of Logic* (HarperCollins, 1980) und Gyles Brandreth für Material aus *Classic Puzzles and Word Games*. Alle diese Bücher sind sehr empfehlenswert und ein Muss in jeder Rätselbibliothek.

Mein besonderer Dank gilt Mike Gerrard, der die mathematischen und physikalischen Aspekte einiger meiner Rätsel überprüft hat; meinem Sohn Michael, der das Manuskript überarbeitet und viele wertvolle Vorschläge gemacht hat; Les Smith, die mich vor dem Ertrinken in der Schreibarbeit rettete und Jennifer Iles für unzählige Korrekturen und Überarbeitungen.

Erwin Brecher

# Inhalt

# Vorwort

Dieses Buch von Erwin Brecher ist eine faszinierende Sammlung alter und neuer Kopfnüsse, die das ganze Spektrum der Herausforderungen auf diesem Gebiet abdecken. Rätsel, die bereits fast jeder Rätselfreund kennt, weil sie in vielen Rätselbüchern auftauchen, wird man jedoch nicht finden.

Besonders ansprechend ist die Art und Weise, wie der Autor seine Lösungen präsentiert. Er beschreibt nicht nur eine neuartige Technik, bestimmte geometrische Fragestellungen zu lösen, die er als Nulllösung bezeichnet, sondern leitet den Leser durch den Gedankengang, der zur Lösung führt. Dies ist eine willkommene Alternative zu vielen Rätselbüchern, in denen man nur die Lösung findet. Der Leser bleibt dann frustriert zurück, wenn er nicht weiß, wie das Ergebnis zustande kommt. Deshalb ist dieses Buch eine wertvolle Bereicherung für jede Rätselbibliothek.

Victor Serebriakoff, 1912–2000
*Ehemaliger Vorsitzender von Mensa International*

# Einleitung

**In der Mathematik liegt, wenn man sie entsprechend betrachtet, nicht nur Wahrheit, sondern wahre Schönheit – kühl und asketisch, wie die Schönheit einer Skulptur.**

Bertrand Russell (1872–1970), *Mystik und Logik*

Dieses Buch richtet sich nicht an ernsthafte Mathematiker. Wir diskutieren nicht über diophantische Gleichungen, Fibonacci-Zahlen oder den kleinen Fermat. Es wurde zur Unterhaltung für Menschen geschrieben und zusammengestellt, die Spaß daran haben, ihre geistige Beweglichkeit auszutesten. Dieses Hobby erfreut sich zunehmender Beliebtheit, wie man an der wachsenden Zahl von Zeitschriften sehen kann, in denen regelmäßig neben Schachkolumnen und Kreuzworträtseln auch Logikrätsel zu finden sind.

In über 60 Jahren, in denen ich unzählige Rätsel gelöst habe, habe ich eine Vorliebe für solche Kopfnüsse entwickelt, die möglichst einfach und ohne unnötige Ausschmückungen präsentiert werden. Mit dieser Vorliebe konfrontiere ich nun auch meine Leser. Auf den folgenden Seiten werden dir deshalb nur wenige Könige, Königinnen und Ritter begegnen, und du wirst nicht in mythische Länder reisen, um Drachen zu besiegen.

Erwin Brecher, PhD

# RÄTSEL

## 1. DER THRONERBE

Der König ist gestorben. Zwei Männer, der rechtmäßige Erbe und ein Betrüger, behaupten jeweils, sein verschollener Sohn zu sein. Beide könnten es nach Alter, Größe, Augenfarbe und Auftreten sein. Schließlich schlägt ein Minister einen Test vor, mit dem der rechtmäßige Erbe ermittelt werden soll. Einer der Männer ist einverstanden, doch der andere weigert sich. Sofort wird derjenige, der einverstanden ist, aus dem Schloss verbannt. Die Minister wissen, dass derjenige, der den Test verweigert hat, der rechtmäßige Erbe ist. Weshalb?

## 2. EIN TOTER IM AUTO

Ein Mann wurde in seinem Auto erschossen. An seiner Kleidung sind keine Schmauchspuren zu entdecken. Daher muss der Mörder außerhalb des Autos gestanden haben, als er schoss. Doch alle Fenster sind hochgekurbelt und die Türen verschlossen. Nach einer eingehenden Untersuchung konnte man, außer im Körper des Toten, keine weiteren Einschusslöcher entdecken. Wie wurde er ermordet?

## 3. DER TRAUM EINES SOLDATEN

Ein Soldat träumte, dass sein König beim Besuch einer fremden Stadt ermordet würde. Er riet dem König dringend von der Reise ab, denn er hielt seinen Traum für ein schlechtes Omen. Der König dachte eine Weile nach, dankte dem Soldaten und versprach, seine Warnung zu befolgen. Dann ordnete er die Erschießung des Soldaten an. Weshalb?

## 4. DAS URTEIL

Ein Mann wird des Mordes für schuldig befunden. Der Richter verkündet: „Dies ist eines der abscheulichsten Verbrechen, mit denen ich je zu tun hatte. Zum Glück gibt es keinerlei mildernde Umstände. Am liebsten würde ich die härteste nur mögliche Strafe über Sie verhängen. Aber ich habe keine andere Wahl: Ich muss sie freisprechen." Welchen Grund hat der Richter für seine Entscheidung?

## 5. DIE SITZEN GELASSENE BRAUT

In einem Schweizer Gebirgsdorf wurde im Winter 1693 ein Paar getraut. Zur Hochzeit erschien eine junge Frau, die der Bräutigam vor einiger Zeit verlassen hatte, und machte eine Szene.

„Die Hochzeitsglocke wird nicht läuten", rief sie und vergiftete sich vor den versammelten Gästen.

Als der Glöckner am Glockenstrang zog, gab die Glocke tatsächlich keinen Ton von sich. Die meisten Gäste vermuteten, dass der Klöppel eingewickelt war. Einige glaubten, die junge Frau sei eine Hexe gewesen, die die Glocke verzaubert hatte.

Nach der Zeremonie kletterte der Glöckner hinauf auf den Glockenturm, um herauszufinden, warum die Glocke stumm geblieben war. Doch sie war völlig in Ordnung.

War die junge Frau tatsächlich eine Hexe gewesen?

## 6. TRICKREICHER TAXIFAHRER

In seinem Buch *Aha! Insight* erzählt Martin Gardener, ein Meister der Rätsel, die Geschichte von einer redseligen, überdrehten Frau, die in New York City ein Taxi ruft. Auf der Fahrt redet die Dame so viel, dass der Taxifahrer es nicht mehr erträgt. Er sagt: „Tut mir leid, Lady, aber ich kann kein Wort von dem verstehen, was Sie sagen. Ich bin fast taub, und die Batterie in meinem Hörgerät ist leer." Die Dame ist daraufhin still. Nachdem sie das Taxi verlassen hat, begreift sie, dass der Fahrer sie angelogen hat. Weshalb ist sie sich so sicher?

## 7. DER SCHARFSCHÜTZE

Ein Scharfschütze hängte seinen Hut auf und band sich eine Augenbinde um. Dann ging er 100 Meter, drehte sich um, schoss und durchbohrte mit der Kugel seinen Hut. Die Augenbinde war blickdicht, der Mann hatte bestimmt nichts gesehen. Wie gelang es ihm, seinen Hut zu treffen?

## 8. TOD IN SQUAW VALLEY

Ein Banker aus New York und seine Frau verbrachten ihren alljährlichen Skiurlaub in Squaw Valley. Am späten Nachmittag stürzte die Frau bei schlechter Sicht in einen Abgrund und brach sich das Genick. Der Gerichtsmediziner bescheinigte einen Unfalltod, und die Leiche wurde zur Bestattung freigegeben.

In New York las ein Angestellter einer Fluggesellschaft in der Zeitung von dem Unfall. Er kontaktierte die Polizei und gab ihr eine wichtige Information. Daraufhin wurde der Ehemann verhaftet und wegen Mordes verurteilt. Der Angestellte der Fluggesellschaft kannte weder den Banker noch seine Frau und war nie in Squaw Valley gewesen.

Welche Information hatte er der Polizei gegeben?

## 9. EINBRECHER

Arthur lebt mit seinen Eltern in Chicago. Letzte Woche, als seine Eltern nicht zu Hause waren, kam Arthurs Nachbarin Sophie am Abend zu Besuch. Irgendwann ging sie kurz Zigaretten holen. Genau in dieser Zeit stürmten zwei Männer in die Wohnung, beachteten Arthur nicht und nahmen den Fernseher, die Stereoanlage und einen Laptop mit. Arthur hatte die Männer nie zuvor gesehen und sie hatten kein Recht, die Dinge mitzunehmen, aber er hielt sie nicht davon ab. Er wunderte sich nicht einmal über ihr Verhalten. Warum nicht?

## 10. SCHLAFLOSIGKEIT

In einem Hotel in Miami fand eine Tagung eines IT-Unternehmens statt. Pete und Dave hatten benachbarte Hotelzimmer. Nach einem anstrengenden Tag mit vielen Präsentationen und einer Party gingen sie spät am Abend auf ihre Zimmer. Obwohl Pete erschöpft war, konnte er nicht einschlafen. Etwa um 2 Uhr nachts rief er die Telefonzentrale an und ließ sich zu Dave durchstellen. Kaum ging Dave ans Telefon, legte Pete seinen Hörer auf und schlief ein. Erkläre das.

## 11. DER NORDPOL

Porto Alegre in Brasilien befindet sich auf 50° westlicher Länge und 30° südlicher Breite in etwa 15 000 Kilometer Entfernung vom Nordpol. Auch Eucla in Australien ist 15 000 Kilometer vom Nordpol entfernt.

Wie hoch ist die Wahrscheinlichkeit, dass Eucla oder jeder andere Ort auf der Erde, der gleich weit vom Nordpol entfernt ist, mehr als 15 000 Kilometer von Porto Alegre entfernt ist?

## 12. LANGE DIVISION

Löse folgende Sequenz von Divisionen:

Was ist die Hälfte von zwei Dritteln von drei Vierteln von vier Fünfteln von fünf Sechsteln von sechs Siebteln von sieben Achteln von acht Neunteln von neun Zehnteln von Hundert?

Am besten findest du die Lösung durch einen Geistesblitz. Andernfalls wirst du dir das Hirn verknoten.

## 13. TASCHENGELD

Die Brüder Andrew und Jim haben wie jede Woche ihr Taschengeld bekommen. Am Sonntag wollen sie zum Rummelplatz gehen. Jim, der weniger Taschengeld bekommt, schlägt Andrew vor, dass sie ihr Geld zusammenlegen und dann zu gleichen Teilen aufteilen.

„Okay“, sagt Andrew. „Ich weiß, wie viel du bekommst. Wenn du errätst, wie viel ich bekomme, teile ich mit dir. Ich gebe dir einen Tipp: Wenn du mir 1 Euro gibst, habe ich doppelt so viel wie du. Wenn ich dir 1 Euro gebe, haben wir gleich viel.“

Wie viel Taschengeld bekommen die Brüder?

## 14. PARKTRICK NR. 1

Clive Gordon ist der Inbegriff der Tugend. Er raucht nicht, trinkt nicht, zahlt seine Steuern pünktlich und fährt nie schneller als erlaubt. Nur eines trübt seinen Charakter: Er hasst Parkgebühren und Politessen, weil er findet, dass dies eine Schikane durch eine gesichtslose Autorität ist. Deshalb liebt er es, Pläne auszuhecken, um parken zu können, wo immer er will. Nervenraubende Strafzettel, Radkrallen und Abschleppdienste will er natürlich tunlichst vermeiden.

Einer seiner letzten Meistertricks verdient Beachtung: Vor ein paar Monaten war er mit seinem Jaguar XJ6 in Europa unterwegs. Auf dem Weg nach Wien machte er einen Abstecher nach Zürich, um sich mit seinem Schweizer Anwalt Dr. Hans Gruber zu treffen. Er parkte in der Talstraße, 5 Gehminuten von Grubers Büro entfernt. Eine Stunde später verabschiedeten sich die beiden Männer wieder voneinander, und Clive erwähnte nebenbei, wo er geparkt hatte.

Gruber bemerkte besorgt: „Sie werden Probleme bekommen, denn in der Talstraße darf man höchstens 20 Minuten parken. Wer diese Zeit überschreitet, muss eine hohe Strafe zahlen."

Clive erwiderte: „Keine Sorge, das wird mir nicht passieren. Sollte ich trotzdem Ihre Hilfe brauchen, was unwahrscheinlich ist, lasse ich es Sie wissen."

Welchen listigen Plan hatte er sich überlegt?

## 15. PARKTRICK NR. 2

Nach wochenlangen Versuchen hatte Clive Gordon endlich zwei Karten für das Musical *Sunset Boulevard* im Londoner Adelphi Theatre ergattert. Weil viel Verkehr war, kam er erst wenige Minuten vor Vorstellungsbeginn beim Theater an.

Er hatte weder Zeit noch Lust, in eine Tiefgarage zu fahren. Deshalb stellte er sein Auto an einer Parkuhr ab, machte sich aber nicht die Mühe, ein Parkticket zu ziehen.

Er hatte keinen Schwerbehindertenausweis und auch kein Dauerparkticket. Was machte er?

## 16. DAS SIGNAL

Nach der Eroberung Kuwaits durch den Irak und der nachfolgenden „Operation Wüstensturm“ richteten die Militärs der Koalition ihr Hauptquartier in Riad ein.

Das Untergeschoss des Gebäudes der saudischen Luftwaffe diente als Koordinationszentrum, das von Mitarbeitern der amerikanischen und britischen Geheimdienste CIA und MI5 überwacht wurde.

Jeden Morgen zwischen 5.30 und 6.00 Uhr gingen zwei der Männer in einen kleinen fensterlosen Raum im Untergeschoss und warteten auf eine Nachricht von einem ihrer Agenten, den die CIA in Bagdad eingeschleust hatte.

Genau um 5.40 Uhr hörten sie ein einziges Signal, das weniger als eine halbe Sekunde dauerte. Es übermittelte eine wichtige Nachricht, die große Aufregung verursachte. Die Empfänger waren sicher, dass die Information nicht von einem Betrüger stammte und dass ihr Agent nicht gezwungen worden war, sie zu senden.

Wie ist dieses außergewöhnliche Phänomen zu erklären?

## 17. EIN MYSTERIÖSES EREIGNIS IM KRIEG

Das Geschehen ereignete sich im Jahr 1941 im Hauptquartier der Roten Armee, gegenüber dem Kreml in Moskau.

Es war einer der heißesten Junitage, seit man in Moskau die Temperaturen aufzeichnete, die Klimaanlage funktionierte nicht und alle Fenster des Konferenzraums im 10. Stock standen weit offen.

Der Stabschef Gregor Topolew teilte den versammelten hochrangigen Militärs organisatorische Angelegenheiten mit, als plötzlich die Tür aufgerissen wurde. Herein kam der Chef des KGB in Begleitung eines Zivilisten mittleren Alters.

Topolew warf einen Blick auf die beiden, erbleichte und sprang aus dem Fenster. Er kannte beide Männer gut und betrachtete sie sogar als seine Freunde. Weshalb beging er dann Selbstmord?

## 18. IM SCHWARZWALD

Susan und Tom waren im Schwarzwald wandern. Dort entdeckten sie einen jungen Mann, der an einem Baum hing. Ihr erster Impuls war, ihn abzuschneiden, doch weil er ganz offensichtlich tot war, beschlossen sie, die Polizei zu rufen.

Die Ermittlungen ergaben, dass der Mann etwa drei Tage zuvor gestorben war und es sich weder um Selbstmord noch um Mord handelte.

Was war wohl geschehen?

## 19. TIEF IM WALD

Im Märchen von Hänsel und Gretel irren zwei Kinder allein durch den Wald. Nach geraumer Zeit entdecken sie eine Behausung, die über und über mit köstlichen Süßigkeiten bedeckt ist – es ist das Haus einer bösen Hexe.

Unsere Geschichte handelt von Hänsel und Gretel, deren Vater ein Dorfpolizist ist. Man schickt sie in den Wald, der das Dorf umgibt. Auch sie entdecken eine Art Behausung, aber zu ihrem Entsetzen finden sie darin viele tote Männer, Frauen und Kinder, die keines natürlichen Todes gestorben, aber auch keine Opfer eines Verbrechens sind.

Was war im Wald geschehen?

## 20. SECHSERPACK

An einem heißen Sommernachmittag in East Finchley trug George einen Sechserpack Coladosen, den er im Supermarkt gekauft hatte, nach Hause, um seinen Kühlschrank wieder aufzufüllen. Bis dorthin musste er über eineinhalb Kilometer laufen.

Der Sechserpack kam ihm unglaublich schwer vor, und obwohl er ihn abwechselnd links und rechts trug, wurde die Last von Minute zu Minute schwerer.

Plötzlich hatte George eine Idee. Wenn er drei Dosen leertrinken würde, wäre nicht nur sein Durst gestillt, sondern er müsste auch weniger schleppen. Hatte George damit recht?

## 21. DIE SPIELER

Sie wussten, dass es aufhören musste. Seit Ian in Rente war, hatten er und seine Frau zu spielen begonnen. Zunächst taten sie es aus Langeweile, aber schon bald waren sie spielsüchtig geworden. Ian liebte Baccara und Emma Black Jack. Ian bezog eine beträchtliche Rente und hatte erhebliche Ersparnisse, weshalb die beiden ihrem Lieblingszeitvertreib nicht nur in Las Vegas und Atlantic City nachgehen konnten, sondern auch in den schicken Kasinos und Bars von Monte Carlo und Deauville.

Eines Morgens, nach einer verlustreichen Nacht, überprüften sie ihre Finanzen und bemerkten, dass sie in wenigen Monaten ein Vermögen verloren hatten. Panisch beschlossen sie, den „Anonymen Spielsüchtigen" beizutreten. Doch zuvor buchten sie noch für sieben Nächte eine Suite nahe einem Kasino. Wie es das Schicksal wollte, gewannen sie in den ersten drei Tagen eine fünfstellige Summe. Sie freundeten sich mit einigen Spielern an ihrem Tisch an und tauschten bei unzähligen Drinks Glücksspiel-Anekdoten aus.

Am vierten Tag geschah etwas, in dessen Folge Ian und Emma und einige ihrer neuen Freunde, aber nicht alle, einen langsamen Tod starben. Die Ursache war weder ein Verbrechen noch eine Krankheit.

Was war passiert?

## 22. DIE „SPIRIT OF ST. LOUIS"

Charles Lindberghs dramatischer Alleinflug von New York nach Paris im Mai 1927 ging in die Geschichte der Luftfahrt ein. Die „Spirit of St. Louis" war eine einmotorige Maschine. Der Flug dauerte 33½ Stunden und der Motor funktionierte einwandfrei, obwohl er nicht für einen so langen Nonstopflug getestet worden war. Es bestand das Risiko eines Motorenausfalls. Nun die Frage:

Angenommen, das Flugzeug wäre von zwei identischen Motoren desselben Herstellers angetrieben worden, die Technik aber noch nicht ausreichend entwickelt gewesen, dass das Flugzeug mit nur einem Triebwerk hätte fliegen können, wenn das andere ausgefallen wäre – wäre es für Lindbergh sicherer, weniger sicher oder gleich sicher gewesen, mit einer solchen doppelmotorigen Maschine zu fliegen?

## 23. DAS VORSTELLUNGSGESPRÄCH

Endlich war Gerry ein Job als Barkeeper in einem der exklusivsten Lokale in San Diego angeboten worden. Am Mittag sollte er mit dem Geschäftsführer ein Vorstellungsgespräch führen.

Er brach um 9 Uhr in Los Angeles auf. Eigentlich war ausreichend Zeit für die 200 Kilometer weite Fahrt. Er hatte beschlossen, mit dem Auto zu fahren, und auf dem Highway 101 sollte es nicht mehr als zwei Stunden dauern.

Obwohl er nicht durch eine Panne, einen Unfall oder viel Verkehr aufgehalten wurde, kam er drei Stunden zu spät und bekam den Job nicht.

Warum brauchte er fünf Stunden von L.A. nach San Diego?

## 24. DER TELEFONANRUF

Ein Gespräch am Telefon:

„Hallo, ist da Maier?“

„Ja. Wer ist dran?“

„Erkennst du meine Stimme denn nicht? Meine Mutter ist die Schwiegermutter deiner Mutter.“

Wie sind die beiden Sprecher miteinander verwandt?

## 25. VERWANDTE

„Jean ist meine Nichte“, sagt Jack zu seiner Schwester Jill. „Meine Nichte ist sie nicht“, sagt Jill. Kannst du mehr als eine Erklärung dafür finden?

## 26. SCHWESTERN

Zwei Mädchen, die gleich aussehen, sitzen auf einer Parkbank. Ein Fremder sieht sie und sagt: „Ihr müsst Zwillinge sein.“

Die Mädchen lächeln. „Wir haben dieselben Eltern und kamen am selben Tag im selben Jahr zur Welt, aber wir sind keine Zwillinge.“

Wie kann das sein?

## 27. WIE NAH VERWANDT?

Welches ist der nächste Verwandtschaftsgrad, den der Schwager der Schwägerin deiner Mutter zu dir haben kann?

## 28. DAS GEMÄLDE

Ein Mann betrachtet ein Gemälde und sagt zu sich: „Ich habe weder Brüder noch Schwestern, aber der Vater dieses Mannes ist der Sohn meines Vaters." Wer ist auf dem Gemälde zu sehen?

## 29. DAS ALTER DER SÖHNE

Zwei gleichaltrige Männer sitzen im Waschsalon und unterhalten sich, während sie darauf warten, dass ihre Wäsche fertig wird. Der eine sagt zum anderen: „Ich habe drei Söhne. Mal sehen, wie viele Hinweise Sie brauchen, um zu erraten, wie alt sie sind. Damit es einfacher ist, berücksichtigen wir nur ganze Jahre. Die Frage ist: Wie alt werden die Jungen an ihrem nächsten Geburtstag?"

Der andere lässt sich auf das Rätsel ein.

Der erste Mann fährt fort:

„Erstens: Die Summe des Alters meiner Söhne beträgt 13."

Der zweite Mann schüttelt den Kopf.

„Zweitens: Das Produkt ihrer Jahre entspricht Ihrem Alter."

„Fahren Sie fort", sagt der zweite Mann.

„Drittens: Mein ältester Sohn wiegt 91 Pfund. Viertens ..."

„Halt", sagt der zweite Mann. „Ich denke, ich weiß es jetzt."

Wie lautet die Lösung?

## 30. VATER UND GROSSVATER

Ist es möglich, dass der eigene Großvater jünger ist als der Vater?

## 31. VIER FAMILIEN

Jeden Samstag spielen wir gegen die Kids aus Brooklyn Baseball. Neulich sah es so aus, als müssten wir das Spiel ausfallen lassen, weil die Grippe umging und zu wenige Kinder auftauchten. Chuck machte dann aber darauf aufmerksam, dass einige von uns besser spielen als der Rest. Deshalb konnten wir trotzdem zwei ebenbürtige Teams bilden.

Als ich gerade den Ball schlagen wollte, tauchte der Typ auf, der dieses Jahr als Bürgermeister kandidiert. Er sagte, dass wir alle Geschwister sein könnten, so ähnlich wie wir uns sehen.

Er tätschelte mir den Kopf, weil er sich bei den Fernsehleuten einschleimen wollte, die ihn begleiteten. Ich entgegnete, dass wir uns vielleicht ähnlich sähen, aber vier verschiedenen Familien angehörten. „Meine Familie ist die größte", erklärte ich. „Dann kommt die Familie Brown, als Nächstes die Familie Green, und am kleinsten ist die Familie Black."

Er fragte, wie viele Kinder zu jeder Familie gehörten, aber ich wollte es ihm nicht so einfach machen und sagte: „Wenn Sie die Zahl der Kinder aller Familien miteinander multiplizieren, entspricht das der Anzahl der Schwachköpfe, die Sie im November wählen." Dann verriet ich ihm, wie viele Stimmen er meiner Ansicht nach bekommen würde.

Ich dachte, er wäre jetzt bedient, aber stattdessen meinte er: „Lass mich sehen, ob ich herausfinde, wie viele Kinder zu jeder Familie gehören." Nach einem Moment sagte er: „Verrate mir nur eins, Kleiner: Haben die Blacks mehr als ein Kind?"

Ich kapierte nicht, warum er das fragte, und antwortete, aber nur mit ja oder nein. Das hielt ich für schlauer. Nun blickte der Fuchs direkt in die Fernsehkameras und verkündete, wie viele Kinder jede Familie hat!

Wie hatte ich geantwortet und was hatte der Schlaukopf gesagt? (Für Baseball-Ignoranten: Jedes Team besteht aus 9 Spielern.)

## 32. EHEMÄNNER UND VÄTER

Mary und Joan trafen sich recht oft im Supermarkt. Eines Tages meinte Mary: „Neulich war ich ganz erstaunt, auf welch sonderbare Weise wir miteinander verwandt sind. Unsere Väter sind unsere Ehemänner sowie die Väter unserer Kinder." Wie ist das zu erklären?

## 33. WIE VIELE KINDER?

Jeder Sohn der Familie Hubbard hat genauso viele Brüder wie Schwestern, aber jede Tochter hat doppelt so viele Brüder wie Schwestern. Wie viele Mädchen und Jungen hat die Familie?

## 34. JUNGEN UND MÄDCHEN

Ein Sultan wollte das Verhältnis von Frauen zu Männern in der Bevölkerung seines Landes erhöhen, damit die Männer größere Harems haben konnten. Er erließ daher ein Gesetz, das den Frauen verbot, weitere Kinder zu bekommen, nachdem sie einen Sohn geboren hatten. Er argumentierte, dass es so in einigen Familien mehrere Mädchen und nur einen Jungen gäbe, in keiner Familie aber mehr als einen Jungen. Nach einiger Zeit würde es mehr Frauen als Männer geben. Geht diese Rechnung auf?

(In der Realität werden etwas mehr Mädchen als Jungen geboren, aber wir nehmen an, dass dieses Verhältnis im Land des Sultans genau bei 50 : 50 liegt).

## 35. ZWEI KINDER

Ich habe zwei Kinder. Mindestens eines ist ein Junge. Wie hoch ist die Wahrscheinlichkeit, dass beide Kinder Jungen sind?

Auch meine Schwester hat zwei Kinder. Das ältere ist ein Mädchen. Wie hoch ist die Wahrscheinlichkeit, dass beide Kinder Mädchen sind?

## 36. EISENBAHNSCHIENEN

Die Schienenstücke des amerikanischen und des britischen Schienennetzes sind jeweils 60 Fuß lang, während die meisten Eisenbahnen auf dem europäischen Kontinent auf Schienen fahren, deren Stücke eine Länge von 30 Metern (98 Fuß 5 Zoll) haben.

Zwischen den aneinandergrenzenden Schienenstücken befinden sich kleine Lücken. Warum?

## 37. REIS UND SALZ

In manchen Ländern gibt man Reiskörner in die Salzstreuer. Weshalb?

## 38. KOHLE UND KALK

In einigen Ländern Europas wird Kohle in offenen Eisenbahnwaggons transportiert und nach dem Beladen mit einer Kalklösung besprüht. Weshalb?

## 39. AM SANDSTRAND

Laufe einmal bei Ebbe über einen Strand, wenn der Sand fest und nass ist. Bei jedem Schritt trocknet der Sand um deinen Fuß herum sofort aus und wird hell. Warum? Häufig bekommt man zur Antwort, dass das Gewicht des Läufers das Wasser aus dem Sand drückt, aber das ist falsch. Sand verhält sich nicht wie ein Schwamm. Warum wird er weiß?

## 40. DIE BRÜCKE

Ein Fahrer will mit seinem Lastwagen unter einer Brücke durchfahren, aber er muss feststellen, dass sein Schlepper einen Zentimeter höher ist als die Durchfahrtshöhe der Brücke. Frustriert hält er am Straßenrand und sucht auf der Karte nach einer alternativen Route. Da kommt ein kleines Mädchen angelaufen und ruft: „Für 5 Euro verrate ich Ihnen, wie Sie mit Ihrem Lastwagen unter der Brücke durchkommen.“ Es hat funktioniert. Was hat sie vorgeschlagen?

## 41. EINE REIFENPANNE

Einem Mann platzt während der Autofahrt ein Reifen. Er fährt an den Straßenrand, bockt sein Auto auf, entfernt die Radkappe und die vier Radmuttern, legt die Radmuttern in die Radkappe und nimmt den platten Reifen ab. Als er das Reserverad aus dem Kofferraum hievt, stolpert er über die Radkappe, und alle Radmuttern kullern in einen Gully. Die nächste Stadt ist mehrere Kilometer entfernt. Natürlich könnte er dorthin laufen oder per Anhalter fahren und neue Radmuttern kaufen. Aber fällt dir vielleicht etwas Besseres ein?

## 42. DIE BIOLOGIEPRÜFUNG

Scot Morris erzählt in *The Next Book of Omni Games* von einer Abschlussklausur in Biologie:

Der Professor teilte seinen Studenten mit, dass alle die Stifte weglegen müssten, sobald es 15 Uhr schlüge. Doch ein junger Mann ignorierte diese Anweisung und schrieb einige Sekunden lang weiter. Als er seinen Klausurbogen auf den Stapel mit den restlichen Bögen legte, gab der Professor ihm seine Arbeit zurück. „Sie sollten den Stift niederlegen, als die Uhr schlug. Weil Sie die Anweisung nicht befolgt haben, sind Sie durchgefallen."

Der Student empörte sich: „Wissen Sie denn nicht, wer ich bin?" „Nein, und es ist mir auch ganz gleichgültig", antwortete der Professor. Was unternahm der Student, um den Test zu bestehen?

## 43. DER GULLY

Warum sind Gullydeckel rund und nicht eckig?

## 44. NASSES DACH

Wenn Regen senkrecht auf ein Dach mit 45° Neigung fällt (wie unten links abgebildet), trifft weniger Regen auf eine Flächeneinheit, als wenn das Dach flach wäre (unten rechts). Deshalb scheint es, dass senkrecht auf ebene Erde fallender Regen diese stärker bewässert, als wenn der Regen aufgrund von starkem Wind in einem Winkel herabfällt. Warum ist das nicht der Fall?

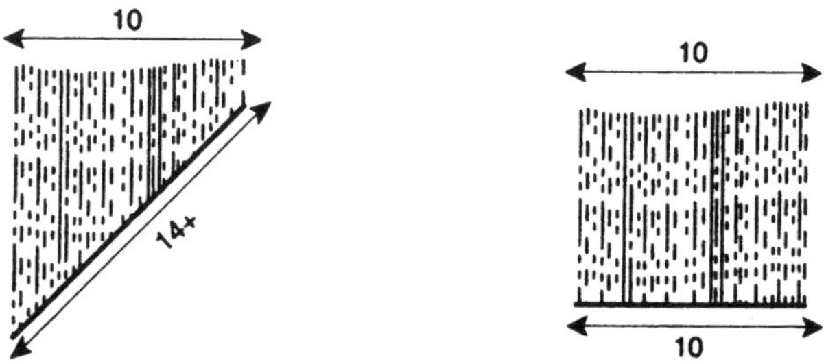


## 45. DIE SCHWERKRAFT

Ist die Schwerkraft tief unten in einem Kohlebergwerk, etwa 1,5 Kilometer unter der Erdoberfläche, stärker oder schwächer als am Bergwerkseingang an der Erdoberfläche? (Wir gehen davon aus, dass die Erde eine einheitliche Dichte hat, und lassen die Zentrifugal- und die Zentripetalkraft außer Acht).

## 46. AUF DER WAAGE

Selbst wenn du auf einer genauen Waage völlig still stehst, schwankt die Anzeige um dein durchschnittliches Gewicht. Warum ist das so?

## 47. DAS GEWEHR

Ein Mann hält ein Gewehr waagerecht 2 Meter über dem Erdboden. In dem Moment, in dem er schießt, wird eine identische Kugel aus derselben Höhe fallen gelassen. Lässt man die Reibung und die Krümmung der Erde unberücksichtigt, welche Kugel erreicht den Erdboden zuerst?

## 48. GESPRUNGENES GLAS

Schütte heißes Wasser in ein dickwandiges Trinkglas und in ein dünnwandiges Weinglas. Welches Glas springt mit größerer Wahrscheinlichkeit?

## 49. WAS ROLLT AM SCHNELLSTEN?

Eine Kugel, eine Scheibe und ein Ring, jeweils mit 12 Zentimeter Durchmesser, befinden sich oben auf einer schiefen Ebene. Welches Objekt kommt zuerst unten an, wenn alle drei im selben Moment losrollen? (Nehmen wir an, dass alle drei Objekte gleichmäßig rollen, weil sie perfekt geformt sind und nicht schlingern. Den Luftwiderstand und die Reibung kannst du vernachlässigen.)

## 50. UHRZEIT IM GEBIRGE

Wenn du mit deiner mechanischen Uhr im Gebirge wanderst, geht sie schneller oder langsamer als im Tal?

## 51. ABSCHUSSRAMPEN

Warum befinden sich Raumfahrtzentren wie Cape Canaveral meistens in tropischen Klimazonen?

## 52. POLAREIS

In der Antarktis gibt es achtmal so viel Eis wie in der Arktis. Warum befindet sich am Südpol so viel mehr Eis als am Nordpol?

## 53. EISSCHNELLLAUF

Gleitet man beim Eislaufen leichter über das Eis, wenn die Lufttemperatur –15 °C oder –1 ° C beträgt?

## 54. DAS SCHWEBENDE EI

Wie schaffst du es, dass ein rohes Ei in einem mit Wasser gefüllten Glas zwischen Boden und Wasseroberfläche „schwebt“?

## 55. ZWEI EISENSTANGEN

Auf einem Tisch liegen zwei Eisenstangen. Sie sehen identisch aus, aber eine der Stangen ist magnetisch (an jedem Ende befindet sich ein Pol). Die andere ist nicht magnetisch.

Wie kannst du herausfinden, welche Stange magnetisch ist, wenn du sie nur über den Tisch schieben, aber nicht hochheben und auch keine anderen Gegenstände und Instrumente zu Hilfe nehmen darfst?

## 56. DER VOGELKÄFIG

Ein Käfig, in dem ein Vogel auf einer Schaukel sitzt, wiegt 2 Kilogramm. Ist der Käfig leichter, wenn der Vogel im Käfig herumfliegt, statt auf der Schaukel zu sitzen?

Würde die Antwort anders ausfallen, wenn es sich um eine luftdichte Kiste statt um einen Käfig handelte? (Dabei ignorieren wir natürlich, dass ein Vogel in einer luftdichten Kiste schnell ersticken würde.)

## 57. AUSNAHME VON DER REGEL

Es ist allgemein anerkannt, dass Materie sich ausdehnt, wenn die Temperatur steigt, und sich zusammenzieht, wenn die Temperatur sinkt. Es gibt eine bedeutende Ausnahme von dieser Regel. Um welche handelt es sich, und weshalb hat die Natur das so eingerichtet?

## 58. DER WASSERSTAND

Ein Eiswürfel schwimmt in einem Becher mit Wasser, die Anordnung ist 0 °C kalt. Es wird gerade so viel Wärme zugeführt, dass der Eiswürfel schmilzt. Die Temperatur in der Anordnung steigt nicht an. Was passiert mit dem Wasserstand? Steigt er, sinkt er, oder bleibt er gleich?

## 59. DAS BOOT IN DER BADEWANNE

Rupert lässt ein Plastikboot in seiner Badewanne schwimmen. Es ist mit Schrauben, Muttern und Unterlegscheiben beladen. Würde der Wasserstand in der Wanne steigen oder sinken, wenn Rupert alle diese Dinge ins Wasser werfen und sein Boot leer treiben lassen würde?

## 60. DIE RAUMSTATION

Die Menschen haben spekuliert, ob man in ferner Zukunft einen großen Asteroiden oder einen Mond aushöhlen und ihn als ständige Raumstation nutzen könnte. Nehmen wir an, solch ein ausgehöhlter Asteroid wäre eine perfekte Kugel, die nicht rotiert und eine gleichmäßig dicke Außenwand hat – würde ein Objekt im Inneren, das sich nahe der Wand befindet, vom Schwerkraftfeld der Wand zur Wand hin oder zum Zentrum des Asteroiden gezogen werden, oder würde es ständig an derselben Stelle schweben?

## 61. DER VOGEL AUF DEM MOND

Stell dir einen Vogel vor, der einen kleinen Sauerstofftank auf dem Rücken trägt, damit er auf dem Mond atmen kann. Würde dieser Vogel, da die Schwerkraft auf dem Mond geringer ist als auf der Erde, dort schneller, langsamer oder genauso schnell fliegen wie auf der Erde? Nehmen wir für diesen Vergleich außerdem an, dass der Vogel auf der Erde dieselbe Ausrüstung trägt.

## 62. DER GOLDFISCH

Ein Goldfischglas, zu drei Vierteln mit Wasser gefüllt, wird auf eine Waage gestellt. Setzt man einen lebenden Goldfisch ins Wasser, zeigt die Waage eine Gewichtszunahme an, die dem Gewicht des Fisches entspricht. Nehmen wir nun an, dass der Goldfisch an der Schwanzflosse gehalten wird, sodass sein ganzer Körper außer der Spitze der Schwanzflosse unter Wasser ist. Zeigt die Waage jetzt mehr Gewicht an als zuvor, als der Fisch noch nicht in der Luft hing?

## 63. SCHALLGESCHWINDIGKEIT

Die Schallgeschwindigkeit in der Luft beträgt etwa 1236 Kilometer pro Stunde. Stell dir vor, ein Polizeiwagen mit Sirene würde mit 120 Kilometern pro Stunde auf dich zufahren. Mit welcher Geschwindigkeit nähert sich dir der Schall der Sirene?

## 64. ZWEI BRÜCKEN

Stell dir zwei exakt gleich konstruierte Brücken vor, von denen eine in jeder Dimension doppelt so groß ist wie die andere. Die große Brücke ist zum Beispiel zweimal so lang, ihre Pfeiler sind zweimal so dick und so weiter. Welche Brücke ist stabiler, oder sind sie gleich stabil?

## 65. ZWEI SEGELBOOTE

Stell dir zwei Segelboote mit exakt denselben Proportionen vor, nur ist eines von ihnen doppelt so groß ist wie das andere: Seine Masten sind doppelt so dick, die Segel doppelt so hoch und doppelt so breit. Die Segel bestehen aus demselben Tuch, und das Gewicht der Segel kann vernachlässigt werden. Welchem Boot wird das Segel mit höherer Wahrscheinlichkeit vom Wind zerrissen?

## 66. TEMPERATUR IM FLUGZEUG

Wenn ein Flugzeug in über 9 Kilometern Höhe fliegt, beträgt die Lufttemperatur draußen bis zu –35 °C. Man könnte meinen, dass man deshalb die Flugzeugkabine beheizen muss, aber tatsächlich muss man in dieser Höhe die Temperatur mit einer Klimaanlage kühlen. Weshalb?

## 67. VENTILATORANTRIEB

Du wolltest heute dein Modell-Segelboot auf dem See fahren lassen, aber es ist völlig windstill, und dein Boot befindet sich in einer Flaute. Könntest du dein Segelboot mit einem batteriebetriebenen Ventilator am Heck antreiben, der Wind in die Segel bläst?

## 68. FLAGGEN

Unten siehst du die Flaggen von Pakistan (links) und Algerien (rechts). Die Flaggen der Komoren, Mauretaniens und Tunesiens sehen ähnlich aus. Ist astronomisch etwas an ihnen falsch?

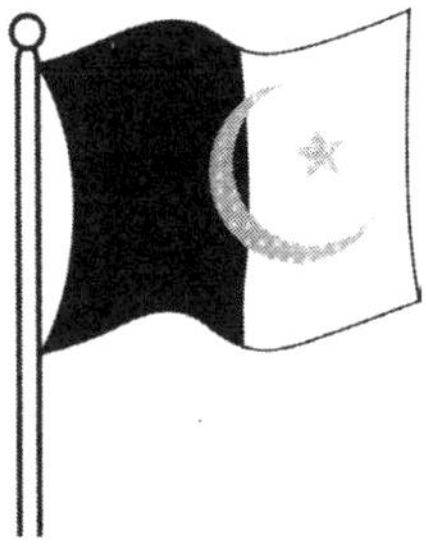

## 69. WO BIST DU?

Angenommen, du wärst ein Passagier einer Raumstation, die die Form eines Donuts hätte. Sie dreht sich um ihre eigene Achse, um eine simulierte Schwerkraft von 1 *g* zu erzeugen, was exakt der Schwerkraft auf der Erde entspricht. Du bist in einem kleinen fensterlosen Raum, deshalb kannst du den Rest der Raumstation nicht sehen. In deinem Raum scheint alles „normal" – die Schwerkraft wirkt genauso auf dich wie auf der Erde. Deine Sinne sagen dir, dass du auf der Erde bist.

Du hast eine Münze in der Tasche. Kannst du mit einem einfachen Test beweisen, dass du dich in einer rotierenden Raumstation befindest und nicht auf der Erde?

## 70. HÄNGEBRÜCKE

Eine der längsten Hängebrücken der Erde ist die Humber-Brücke in England. Zwischen den Pylonen ist sie etwa 1,4 Kilometer lang. Die beiden Pylonen stehen nicht ganz parallel zueinander. Sie sind oben knapp 89 Zentimeter weiter voneinander entfernt als unten. Weshalb?

## 71. TROPFEN UND BLASEN

Wenn der gesamte Weltraum leer wäre, abgesehen von zwei Wassertropfen, würden sich diese beiden Tropfen nach Newtons Gesetz der Schwerkraft gegenseitig anziehen.

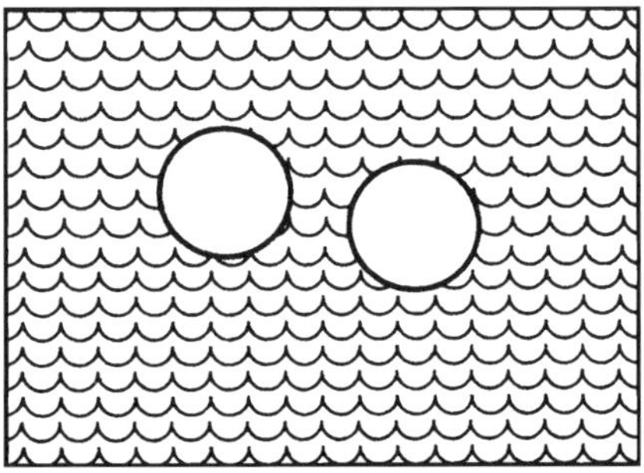

Stell dir nun vor, der gesamte Weltraum wäre mit Wasser gefüllt, mit Ausnahme von zwei Luftblasen (siehe Zeichnung oben). Würden sich die Blasen voneinander weg, aufeinander zu oder überhaupt nicht bewegen?

## 72. DIE GEHEIMNISVOLLE KUGEL

Wenn eine Hohlkugel von etwas mehr als 6 Metern Durchmesser mit einem Vakuum im Inneren 136 Kilogramm schwer wäre, welche erstaunliche Eigenschaft hätte sie?

## 73. DIE SCHLAGENDE UHR

Es dauert zwei Sekunden, bis es 2 Uhr geschlagen hat. Wie lange dauert es, bis es 3 Uhr geschlagen hat?

## 74. ROT ODER GRÜN

Jemand gibt dir vier Karten aus Karton und sagt dir, dass sie auf einer Seite entweder rot oder grün sind und auf der anderen Seite entweder ein Kreis oder ein Quadrat abgebildet ist. Sie liegen so auf dem Tisch:

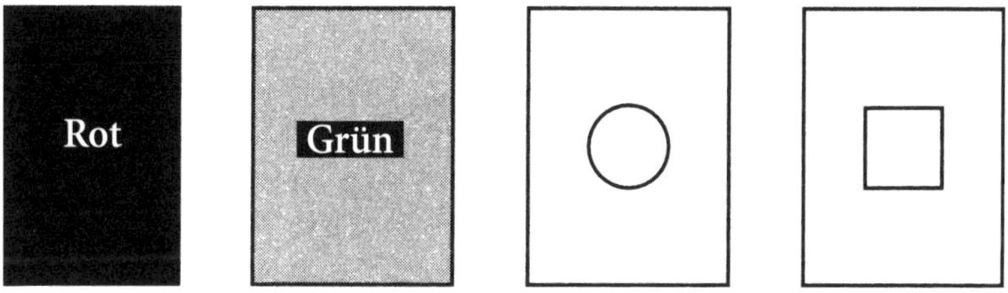


Wie viele Karten und welche musst du umdrehen, damit du genügend Informationen hast, um folgende Frage beantworten zu können: Zeigt jede rote Karte auf der Rückseite ein Quadrat?

## 75. DER FLUSS

Ein Mann fährt mit seinem Motorboot flussabwärts zu seiner Kneipe. Mit der Strömung kann er die 2 Kilometer in 4 Minuten zurücklegen. Zurück muss er gegen die Strömung fahren und braucht 8 Minuten. Wie lange braucht er in einem stehenden Gewässer ohne Strömung?

## 76. ÜBERLISTET

In einem fernen Königreich lebte ein König mit seiner wunderschönen Tochter. Sie verliebte sich in einen armen Bauernsohn und wollte ihn heiraten. Der König, der nicht beabsichtigte, der Hochzeit zuzustimmen, schlug vor, die Entscheidung dem Zufall zu überlassen. Die drei standen im Hof der Burg, auf dessen Boden unzählige weiße und schwarze Steine lagen. Der König sagte, er würde einen Stein von jeder Farbe aufheben und in seinen Hut legen. Der Bauernsohn sollte einen Stein ziehen. Zöge er einen weißen, dürfe er die Prinzessin heiraten. Zöge er hingegen einen schwarzen, müsse er für immer verschwinden. Der Bauernsohn war arm, aber nicht dumm. Er hatte bemerkt, dass der König zwei schwarze Steine in den Hut geschummelt hatte.

Wie konnte der Bauernsohn die Prüfung bestehen, ohne den König als Betrüger bloßzustellen?

## 77. DAS PARADOXON VON ZENON

Im 5. Jahrhundert v. Chr. entwickelte Zenon von Elea, der die Unendlichkeitsrechnung, Sequenzkalküle und mathematische Reihen beherrschte, dieses berühmte Paradoxon: Eine Schildkröte läuft mit Achilleus um die Wette. Sie erhält 1000 Meter Vorsprung. Wir nehmen an, dass Achilleus 10-mal schneller läuft als die Schildkröte. Wenn Achilleus 1000 Meter zurückgelegt hat, ist die Schildkröte ihm nur 100 Meter voraus. Wenn Achilleus die nächsten 100 Meter gelaufen ist, ist die Schildkröte 10 Meter voraus. Zenon argumentierte, dass Achilleus zwar andauernd schneller liefe als die Schildkröte, sie aber niemals einholen würde. Ist diese Argumentation korrekt? Wenn Achilleus die Schildkröte überholen würde, nach welcher Strecke würde er das tun?

## 78. DER JUNGE UND DAS MÄDCHEN

Ein Junge und ein Mädchen unterhalten sich. Ein Kind hat rote, das andere hat schwarze Haare. „Ich bin ein Junge“, sagt das schwarzhaarige Kind. „Ich bin ein Mädchen“, sagt das rothaarige. Wenn mindestens eines der Kinder lügt, welches Kind hat dann welche Haarfarbe?

## 79. UNENDLICHKEIT UND GRENZEN

Die Figur unten besteht aus regelmäßigen Polygonen, die von Kreisen umgeben sind. Die Anzahl der Seiten der Polygone nimmt zu. Nehmen die Radien ohne Begrenzung zu? Wenn nicht, kannst du die Begrenzung schätzen, angenommen, dass der kleinste Kreis einen Radius von 1 Zentimeter hat?

## 80. HÜTE IM WIND

Zehn Menschen, alle mit einem Hut auf dem Kopf, liefen eine Straße entlang. Ein plötzlicher Windstoß wehte ihnen die Hüte vom Kopf. Ein hilfsbereiter Junge fing sie, und ohne zu fragen, wem welcher Hut gehörte, gab er jedem einen Hut. Wie hoch ist die Wahrscheinlichkeit, dass genau neun Personen ihren eigenen Hut bekamen?

## 81. HÄNDE SCHÜTTELN

Ist die Anzahl der Menschen weltweit, die einer ungeraden Zahl von Menschen die Hand geschüttelt haben, ungerade oder gerade?

## 82. EIN HÖLZCHEN UMLEGEN

Die folgende Gleichung in römischen Zahlen bedeutet: 6 plus 2 ist 5. Bewege nur ein einziges Streichholz so, dass die Gleichung richtig ist.

VI + II = V

## 83. DIE KIRCHTURMUHR

Eine Kirchturmuhr schlägt viermal zu jeder vollen Stunde plus die Anzahl der vollen Stunden sowie einmal um Viertel, zweimal um halb und dreimal um drei Viertel der vollen Stunde. Maximal schlägt sie also 16-mal. Welche darunter liegende Anzahl von Schlägen hört man nie?

## 84. EIN RING UM DEN KREIS

Die drei Kreise unten sind gleich groß. Wie viele weiße Kreise braucht man insgesamt, um mit ihnen einen vollständigen Ring um den dunklen Kreis zu legen? Löse die Aufgabe, ohne Münzen oder andere Kreise zu Hilfe zu nehmen, und beweise deine Antwort.

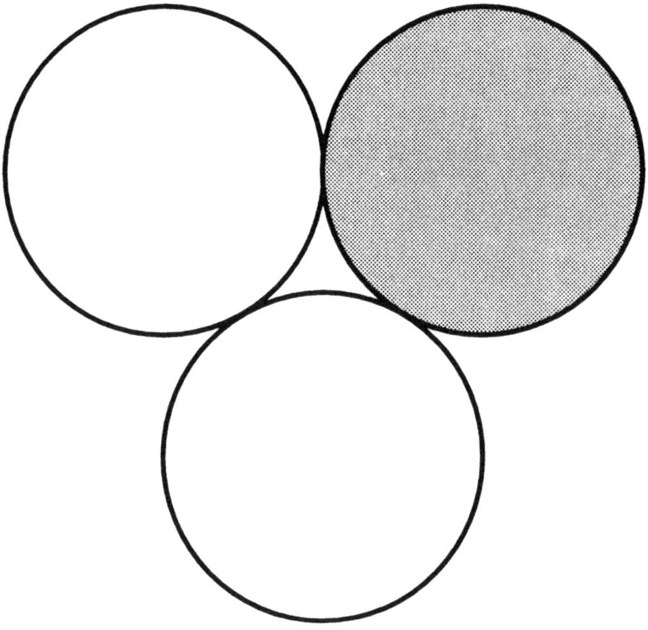

## 85. EINE EINZIGARTIGE ZAHL

Die folgende Zahl ist einzigartig. Kannst du herausfinden, was so besonders an ihr ist?

8 315 906 742

## 86. DER CHEF UND SEIN CHAUFFEUR

Ein Chauffeur kommt immer um Punkt 17 Uhr zum Bahnhof, um seinen Chef abzuholen und nach Hause zu fahren. Eines Tages kommt der Chef eine Stunde früher an und läuft ein Stück des Heimwegs, bis sein Chauffeur ihn einholt. Der Chef kommt 20 Minuten früher nach Hause als sonst. Wie lange war er zu Fuß unterwegs, bevor er ins Auto gestiegen ist?

## 87. WETTERBERICHT

„Kannst du mir sagen, welche Temperaturen wir in den letzten fünf Tagen um 12 Uhr mittags hatten?", fragt John den Meteorologen.

„Ich weiß nicht genau", antwortet der, „aber ich erinnere mich, dass die Temperatur jeden Tag unterschiedlich war und das Produkt aus allen Temperaturen 12 ist."

Wir gehen davon aus, dass es Temperaturen in °C und in ganzen Zahlen waren, die miteinander multipliziert wurden. Welche fünf Temperaturen sind gemessen worden?

## 88. DIE PRÄSIDENTEN

„Hier steht etwas Bemerkenswertes, Herr Professor Flügel", sagte Tom und sah von seiner Zeitung auf. „Der Journalist behauptet, dass drei der ersten fünf Präsidenten der Vereinigten Staaten an einem 4. Juli starben. Ich frage mich, wie wahrscheinlich ein solcher Zufall ist."

„Das weiß ich nicht", antwortete der Professor, „aber ich kann Ihnen mit einer Wahrscheinlichkeit von 10:1 den Namen eines der Präsidenten sagen, die an diesem Datum starben."

Angenommen, der Professor kannte den Todestag von keinem der Präsidenten, war seine Behauptung dann zutreffend?

## 89. JIM UND GEORGE

Wie ist es möglich, dass Jim hinter George steht und George gleichzeitig hinter Jim?

## 90. ÄPFEL IN ZWEI GRÖSSEN

Ein Mann hatte einen Marktstand. Von seinen größeren Äpfeln verkaufte er jeweils drei für 1 Euro und von den kleineren jeweils fünf für 1 Euro. Als er nur noch 30 Äpfel von jeder Größe hatte, trug er seinem Sohn auf, sich um den Stand zu kümmern, während er Mittagspause machte. Als er zurückkam, waren alle Äpfel verkauft, und der Sohn gab seinem Vater 15 Euro. Der Vater sagte: „Du hättest 10 Euro für die 30 großen und 6 Euro für die 30 kleinen Äpfel bekommen sollen, also insgesamt 16 Euro. Der Sohn sah ihn überrascht an. „Ich bin sicher, ich habe dir das gesamte Geld gegeben, das ich bekommen habe. Und ich habe genau gezählt, was mir jeder Kunde gegeben hat. Es war nicht so einfach, hier allein fertigzuwerden, und weil eine gerade Zahl an Äpfeln von jeder Größe übrig war, verkaufte ich sie alle zu einem Durchschnittspreis: vier Äpfel für 1 Euro. Vier passt 15-mal in 60, deshalb bin ich sicher, dass 15 Euro korrekt ist."

Wo ist der 1 Euro geblieben?

## 91. DIE SEQUENZ

Ein Freund bittet dich, folgende Sequenz fortzusetzen:

MDM . . .

Was soll das sein? Eine römische Zahl? Ins Blaue hinein rätst du einfach:

MDMD . . .

Richtig! Aber die Sache kommt dir sehr merkwürdig vor. Eine römische Zahl ist das nicht. Dein Freund fordert dich auf, eine Forsetzung vorzuschlagen. Du rätst wieder:

MDMDNENE . . .?

Falsch! Die richtige Fortsetzung wäre:

MDMDF . . .

Wie geht die Sequenz korrekt weiter?

## 92. DAS HALB VOLLE BIERFASS

Zwei Bauern starrten in ein großes, zum Teil gefülltes Fass Bier. Einer von ihnen sagte: „Das Fass ist mehr als halb voll!" Aber der andere widersprach: „Es ist mehr als halb leer."

Wie konnten sie ohne Maßband, Schnur, Flaschen oder andere Messgeräte sagen, ob das Fass mehr oder weniger als genau halb voll war?

## 93. DER SCHÜTZE

Ein Schütze kann fünf Schüsse in 5 Sekunden abfeuern, ein anderer zehn Schüsse in 10 Sekunden. (Nehmen wir an, dass die Zeitmessung beginnt, wenn der erste Schuss abgefeuert wurde und mit dem letzten Schuss endet, die Schüsse selbst aber keine Zeit in Anspruch nehmen).

Welcher Mann kann in kürzerer Zeit zwölf Schüsse abfeuern?

## 94. DER QUADRATISCHE TISCH

Ein quadratischer Tisch hat in der Mitte einen Sichtschutz. Wenn vier Leute an den vier Seiten des Tisches sitzen, kann jeder seine Nachbarn rechts und links sehen, nicht aber sein Gegenüber. Nun sollen diejenigen die Hand heben, zu deren Linken oder Rechten mindestens eine Frau sitzt. Außerdem sollen sie sagen, welches Geschlecht die Person hat, die sie nicht sehen können.

Weil alle vier Personen am Tisch Frauen sind, heben alle ihre Hand. Dann vergehen mehrere Minuten, bis eine der Frauen verkündet, dass ihr Gegenüber eine Frau ist.

Wie kommt sie durch Anwendung von Logik auf diese Lösung?

## 95. DIE MURMELN

In zwei Taschen befinden sich jeweils drei rote, drei weiße und drei blaue Murmeln. Ohne hinzuschauen nimmt jemand aus der ersten Tasche die größte Anzahl von Murmeln, die garantiert, dass von jeder Farbe noch mindestens eine Murmel in der Tasche bleibt. Diese Murmeln steckt er in die zweite Tasche. Nun legt er (natürlich ohne hinzusehen) so wenige Murmeln wieder in die erste Tasche zurück, dass darin sicher mindestens zwei Murmeln jeder Farbe sind.

Wie viele Murmeln verbleiben in der zweiten Tasche?

## 96. DURCHSCHLAGPAPIER

Jemand, der möglicherweise betrügerische Absichten hat, möchte einen Brief schreiben, der aussieht wie eine Kopie, die mit Durchschlagpapier geschrieben wurde. Er hat nur einen Bogen Papier und ein Durchschlagpapier, das er so unter den Briefbogen legt, dass die Kohleschicht zur Rückseite des Briefbogens zeigt.

Dann schreibt er mit einem Stift ohne Tinte, sodass die Schrift nur auf der Unterseite des Papierbogens erscheint. Würde er normal schreiben (mit dem Stift ohne Tinte), würde der Text in Spiegelschrift auf der Unterseite erscheinen. Deshalb beschließt er, in Spiegelschrift zu schreiben. Statt F schreibt er beispielsweise ꟻ und statt R schreibt er Я.

Muss er in der Ecke oben links, oben rechts, unten rechts oder unten links zu schreiben beginnen?

## 97. IM GLEICHSCHRITT

Ein Mann und eine Frau gehen gemeinsam spazieren. Beide gehen den ersten Schritt mit dem linken Fuß. Um nebeneinander zu bleiben, geht der Mann, dessen Schritte länger sind, zwei Schritte, während die Frau nur einen geht.

Wie viele Schritte ist die Frau gegangen, wenn sie beide zum ersten Mal gemeinsam ihren rechten Fuß nach vorn setzen?

## 98. KNAPPE RASIERKLINGEN

Aufgrund von Gerüchten, dass weltweit die Rasierklingen knapp würden, begannen die Menschen, Rasierklingen zu horten. Als ich im Supermarkt ankam, gab es bereits keine mehr. Zwei Männer vor mir an der Kasse hatten die letzten Packungen gekauft, einer drei und der andere fünf. Sie boten mir an, sie mit mir zu teilen, sodass jeder von uns gleich viele Rasierklingen mit nach Hause nahm. Ich zahlte ihnen 8 Euro.

Wie teilten die beiden diese 8 Euro unter sich auf?

## 99. UNGEWÖHNLICHE GLEICHUNGEN

$$5 + 5 + 5 = 550$$

a) Setze an irgendeiner Stelle der Gleichung einen Strich, also ein – ein, damit die Gleichung stimmt.
b) Setze 4-mal die 9 in die Gleichung ein, damit die Summe 100 ergibt.
c) Mach dasselbe, indem du 4-mal die Zahl 7 einsetzt.
d) Ordne 3-mal die Zahl 9 so an, dass die Gleichung 20 ergibt.

## 100. D'ALEMBERTSCHES PARADOXON

Der französische Mathematiker d'Alembert (1717–1783) berechnete die Wahrscheinlichkeit, mit der „Kopf" erscheint, wenn man eine Münze zweimal wirft. „Es gibt nur drei mögliche Fälle", argumentierte er: (a) „Kopf" erscheint beim ersten und beim zweiten Wurf, (b) „Zahl" erscheint beim ersten und „Kopf" beim zweiten Wurf, (c) „Kopf" erscheint beim ersten Wurf (deshalb braucht man in diesem Fall kein zweites Mal zu werfen):

„Weil zwei der drei möglichen Fälle positiv sind, liegt die Wahrscheinlichkeit bei 2 : 3." Ist seine Argumentation richtig?

## 101. KANNEN

Es gibt viele Varianten von Rätseln, bei denen es darum geht, Flüssigkeit von einem Gefäß in ein anderes umzufüllen. Dieses hier ist mindestens 400 Jahre alt.

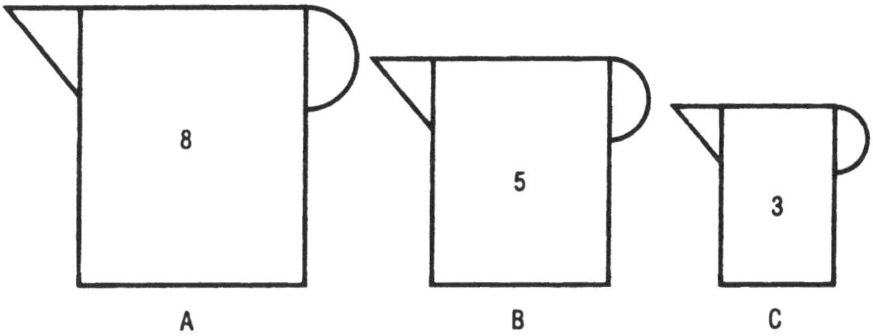


Drei Kannen (oben) fassen 8, 5 und 3 Liter. Die 8-Liter-Kanne ist vollständig mit Wasser gefüllt, und die anderen beiden sind leer. Deine Aufgabe ist nun, das Wasser so umzufüllen, dass sich zwei gleiche Mengen, also jeweils 4 Liter, in Kanne A und in Kanne B befinden. Die kleinste Kanne bleibt leer. Auf keiner der Kannen werden Füllmengen angezeigt, deshalb kannst du die Aufgabe nur erfolgreich lösen, indem du das Wasser so lange umfüllst, bis die erste Kanne ganz leer oder die zweite Kanne ganz voll ist. Du musst davon ausgehen, dass das Umfüllen sehr vorsichtig erfolgt und kein Wasser verschüttet wird.

Wie oft musst du das Wasser mindestens umfüllen, um die Aufgabe lösen zu können?

## 102. EINS, ZWEI, DREI

Ich hörte dieses Rätsel erstmals von einem *Mensa*-Mitglied, dem jemand diese Aufgabe Jahre zuvor bei einer Mathematikerkonferenz in den Niederlanden gestellt hatte. Ich stellte das Rätsel einem Freund, der es nicht lösen konnte und in seinen Club mitnahm. Die Clubmitglieder grübelten stundenlang erfolglos darüber. Schließlich nahm ein Mitglied das Rätsel mit nach Hause, um es seinem zwölfjährigen Sohn zu zeigen, der es innerhalb von 5 Minuten löste. Es ist diese Art von Rätsel.

Wie lautet die nächste Zahlenreihe?

| | | | | | | | | | |
|---|---|---|---|---|---|---|---|---|---|
| 1 | | | | | | | | | |
| 1 | 1 | | | | | | | | |
| 2 | 1 | | | | | | | | |
| 1 | 2 | 1 | 1 | | | | | | |
| 1 | 1 | 1 | 2 | 2 | 1 | | | | |
| 3 | 1 | 2 | 2 | 1 | 1 | | | | |
| 1 | 3 | 1 | 1 | 2 | 2 | 2 | 1 | | |
| 1 | 1 | 1 | 3 | 2 | 1 | 3 | 2 | 1 | 1 |
| ? | ? | ? | ? | ? | ? | ? | ? | ? | ? |

## 103. EINE FLASCHE WEIN

Eine Flasche Wein kostet 10 Euro. Wenn der Wein 9 Euro mehr wert ist als die Flasche, was ist die Flasche dann wert?

## 104. ROLL-A-PENNY

Dieses alte Kinderspiel wird in England auch heute noch gespielt. Man muss dabei einen Penny rollen lassen. Wenn er nicht auf einer Linie des Gitters liegen bleibt, hat man gewonnen.

Wie kann man seine Gewinnchancen berechnen?

Hier ist ein üblicher, mit Linoleum überzogener Tisch abgebildet, auf dem das Spiel gespielt wird. Wie viel besser stehen die Chancen für die Bank als für den Spieler?

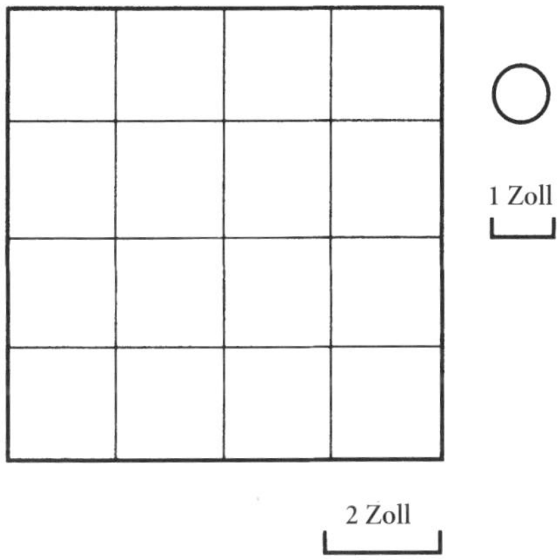


## 105. DAS FEHLENDE PFUND

Dies ist ein sehr altes englisches Rätsel.

Drei Männer aßen eine Kleinigkeit in einer Kneipe und bekamen eine Rechnung über 25 Pfund.

Jeder Mann gab der Kellnerin 10 Pfund und sagte, sie dürfe 2 Pfund vom Wechselgeld als Trinkgeld behalten. Die Kellnerin kehrte mit 3 Pfund zurück und gab jedem Gast 1 Pfund. Das Essen hatte also 27 Pfund plus 2 Pfund Trinkgeld gekostet.

Wo war das fehlende Pfund geblieben?

## 106. GOLDENE KARTE

Dies war ein Lieblingsspiel der Falschspieler im Wilden Westen, die ahnungslosen Goldschürfern Tausende von Dollars aus der Tasche zogen. In einem Saloon legte ein Spieler drei Karten in einen Hut.
Die Karten hatten folgende Farben:

GOLD auf der Vorderseite, GOLD auf der Rückseite.

SILBER auf der Vorderseite, SILBER auf der Rückseite.

GOLD auf der Vorderseite, SILBER auf der Rückseite.

Rückseite Gold Rückseite Silber Rückseite Silber

Der Spieler zog eine Karte aus dem Hut und legte sie mit der goldenen Seite nach oben auf den Tisch.

Er sagte: „Die Rückseite ist entweder Gold oder Silber, denn die Karte kann nicht auf beiden Seiten Silber sein. Es steht also 1 : 1, dass es die Gold/Silber-Karte oder die Gold/Gold-Karte ist. Ich wette einen Dollar, dass die Rückseite Gold ist.“ War die Wette fair?

## 107. DAS FLUGZEUG

Ein Flugzeug fliegt in einer geraden Linie von Flughafen A zu Flughafen B, dann in einer geraden Linie von B zurück nach A. Es fliegt mit konstanter Maschinenkraft, und es ist windstill.

Braucht es für dieselbe Reise länger, kürzer oder genauso lang, wenn bei beiden Flügen ein gleichbleibend starker Wind von A nach B weht?

## 108. AUF SKIERN UM DIE ERDE

Ein Wasserski-Club in Long Beach will die erste Erdumrundung auf Wasserskiern probieren, vorbei an den Kaps und durch die Timorsee. Doch auch die besten Schnellboote können nur genug Benzin für eine halbe Umrundung transportieren. Es ist allerdings möglich, während der Fahrt Benzin von einem Boot in ein anderes umzufüllen.

Ist es möglich, dass ein Schnellboot und ein Wasserskifahrer ohne Anhalten die Erde umrunden und alle Schnellboote, die Benzinnachschub liefern, sicher nach Long Beach zurückkehren können?

## 109. VIER INSEKTEN

Vier Insekten – A, B, C und D – sitzen in den Ecken eines Quadrats von 10 Zentimetern Kantenlänge (siehe unten). A und C sind Männchen, B und D Weibchen. Gleichzeitig krabbelt A zu B, B zu C, C zu D und D zu A. Wenn alle vier Insekten im selben konstanten Tempo krabbeln, beschreiben sie vier kongruente logarithmische Spiralen, die sich in der Mitte des Quadrats treffen.

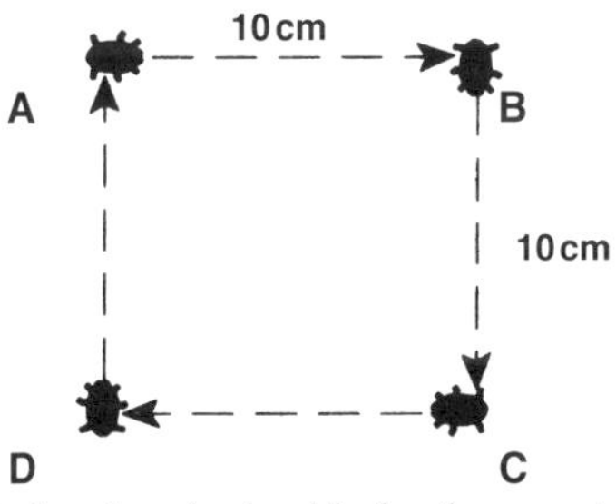


Wie weit muss jedes Insekt krabbeln, bevor sie sich treffen? (Um diese Frage zu beantworten, brauchst du keinen Taschenrechner.)

## 110. GEBURTSTAGE

Du bist einer von 24 Gästen einer Party und wettest mit einem Freund, dass mindestens zwei Personen im Raum am selben Tag Geburtstag haben. Wenn Schaltjahre ausgenommen sind, ist deine Chance größer oder kleiner, gegen deinen Freund zu gewinnen?

## 111. WECHSELGELD

Diese verblüffende Geschichte hat mit Devisen zu tun. Die Regierungen zweier benachbarter Länder – nennen wir sie Ostland und Westland – haben vereinbart, dass ein Ostland-Dollar einen Westland-Dollar wert ist und umgekehrt. Eines Tages jedoch ordnete die Regierung von Ostland an, dass ein Westland-Dollar ab sofort in Ostland nur noch 90 Cent wert sein sollte. Am nächsten Tag ordnete die Regierung von Westland im Gegenzug an, dass ein Ostland-Dollar in Westland nur 90 Cent wert ist.

Ein junger Unternehmer namens Malcolm lebte in einer Stadt, die auf der Grenze der beiden Länder lag. Er ging in ein Geschäft auf der Ostland-Seite, kaufte einen Rasierer für 10 Cent und zahlte ihn mit Ostland-Dollar. Er bekam einen Westland-Dollar, der in Ostland 90 Cent wert war, als Wechselgeld zurück. Dann ging Malcolm über die Straße, betrat ein Geschäft in Westland, kaufte eine 10-Cent-Packung Rasierklingen und bezahlte sie mit einem Westland-Dollar. Nun bekam er einen Ostland-Dollar als Wechselgeld zurück. Als Malcom nach Hause kam, hatte er seinen ursprünglichen Dollar und seine Einkäufe in der Tasche. Und jeder der Ladenbesitzer hatte 10 Cent verdient.

Wer hatte dann den Rasierer und die Klingen bezahlt?

## 112. REISPAPIER

Stell dir vor, dass du einen hauchdünnen Bogen Reispapier hast, der ein Tausendstel Zentimeter dick ist. 1000 Bögen sind also 1 Zentimeter dick. Du reißt den Bogen in der Mitte durch und legst die beiden Hälften aufeinander. Dann reißt du die beiden aufeinanderliegenden Bögen auseinander und legst die Hälften wieder aufeinander. Tust du dasselbe noch ein drittes Mal, hast du einen Stapel mit 8 Bögen. So fährst du fort.

Wenn du das 50-mal machst, wie hoch ist dann dein Stapel? Die üblichen Antworten sind sehr amüsant. Manche schlagen 30 Zentimeter vor, andere einige Meter, manche sogar 1 Kilometer. Was glaubst du?

## 113. ZWEI SCHEIBEN

Die beiden Scheiben A und B unten sind gleich groß.

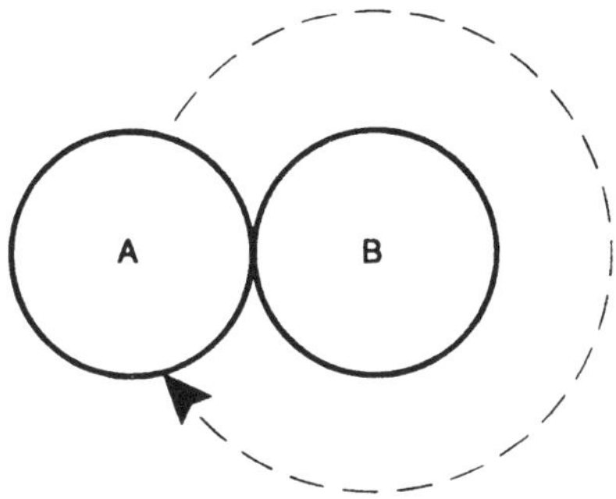


Wenn B fixiert ist und A um B gerollt wird, ohne zu schlingern, wie oft hat sich Scheibe A um ihr eigenes Zentrum gedreht, wenn sie sich wieder in ihrer ursprünglichen Position befindet?

## 114. EIN BALKEN AUF ROLLEN

Wenn jede Rolle in der Abbildung unten 1 Meter Umfang hat, wie weit hat sich dann der Balken vorwärts bewegt, wenn die Rollen eine ganze Umdrehung zurückgelegt haben?

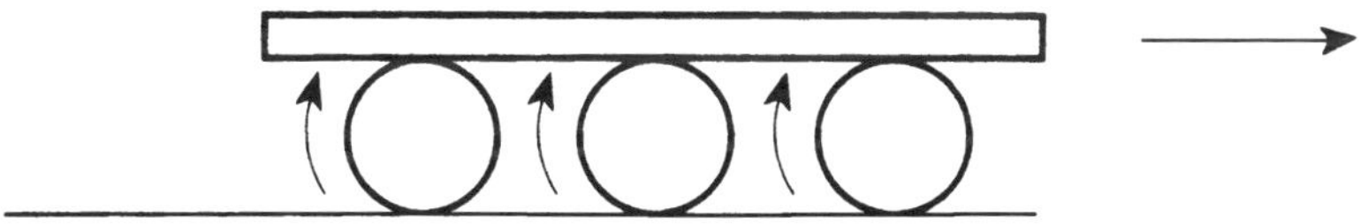

## 115. DER ZERBROCHENE STOCK

Wenn man einen Stock in 3 beliebig lange Stücke zerbricht, wie hoch ist die Wahrscheinlichkeit, dass man daraus ein Dreieck legen kann?

## 116. DIE LANGSAMEN PFERDE

Ein alter und wie es scheint etwas exzentrischer König möchte seinen Thron an einen seiner beiden Söhne übergeben. Er ordnet ein Pferderennen zwischen seinen beiden Söhnen an. Derjenige mit dem langsameren Pferd soll König werden. Beide Söhne befürchten, vom anderen betrogen zu werden, indem er sein Pferd langsamer laufen lässt, als es eigentlich könnte. Sie fragen einen weisen Mann um Rat. Mit nur drei Worten sorgt der Mann dafür, dass das Rennen fair verläuft.

Was sagt er?

## 117. SANDUHREN

Du hast zwei Sanduhren. Die eine misst 4 Minuten, die andere 7 Minuten. Du willst 9 Minuten messen.

Wie gehst du vor?

## 118. ZAHLEN SORTIEREN

Die Zahlen von 0 bis 14 werden wie gezeigt in drei Gruppen unterteilt.

In welche Gruppen gehören die nächsten drei Zahlen, nämlich 15, 16 und 17?

| | | |
|---|---|---|
| 0 3 6 | 1 4 7 | 2 5 10 |
| 8 9 | 11 14 | 12 13 |
| Gruppe 1 | Gruppe 2 | Gruppe 3 |

## 119. KATEGORIEN

Die Buchstaben des Alphabets können in vier Kategorien eingeteilt werden. Die ersten 13 Buchstaben werden wie folgt zugeordnet:

AM

BCDEK

FGJL

HI

Ordne die restlichen 13 Buchstaben den richtigen Kategorien zu.

## 120. WELCHE GEWICHTE?

Ein Junge, der Obst verkauft, hat nur drei Gewichte, aber damit kann er jede Obstmenge in ganzen Kilogramm von 1 bis einschließlich 13 Kilogramm abwiegen. Welche Gewichte sind es?

## 121. SEILTRICK

Zwei Masten sind je 100 Meter hoch. Ein 150 Meter langes Seil wird zwischen den Spitzen der Masten gespannt. Am niedrigsten Punkt hängt das Seil 25 Meter über dem Boden (siehe Zeichnung). Wie weit sind die Masten voneinander entfernt?

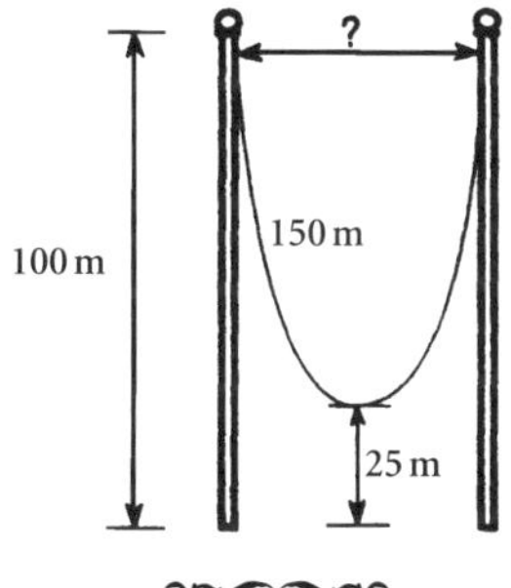

## 122. DEN BUS ERWISCHEN

Juliette und ihre Schwester Lucille lebten zusammen in Montreux in der Schweiz. Im Frühjahr führte sie eine ihrer Lieblingswanderungen zu den Berghängen in der Nähe, wo wunderschöne Narzissen blühen.

Einmal kamen sie zu einem langen, geraden Straßenabschnitt. An einem bestimmten Punkt verließen sie die Straße und liefen im rechten Winkel über ein Feld zu einem Stück Wiese mit vielen Narzissen. Juliette blieb 40 Meter von der Straße entfernt stehen und pflückte ein paar Blumen. Lucille entfernte sich noch 1 Meter weiter von der Straße, um dort Blumen zu pflücken. Plötzlich sahen sie auf der Straße einen Bus in Richtung Montreux fahren. Als sie beschlossen, nach Hause zu fahren, war der Bus noch 70 Meter von dem Punkt entfernt, an dem sie die Straße verlassen hatten und über das Feld gelaufen waren.

Sie liefen halb so schnell, wie der Bus fuhr, zu dem Punkt, an dem sie die Straße verlassen hatten – und verpassten den Bus! Es gibt auf diesem Straßenabschnitt mindestens einen Punkt, an dem sie den Bus hätten erwischen können.

Kannst du ausrechnen, wohin sie hätten laufen müssen, und ob beide Schwestern den Bus hätten bekommen können?

## 123. BUSFAHRPLAN

Ein Mann fährt eine Straße entlang, auf der regelmäßig Busse verkehren. Er fährt mit konstanter Geschwindigkeit. Er bemerkt, dass ihm alle 3 Minuten ein Bus entgegenkommt und ihn alle 6 Minuten ein Bus überholt. Wie oft verlassen die Busse den Busbahnhof an einem Ende der Busstrecke?

## 124. WIE VIELE SPRÜNGE?

Du stehst in der Mitte eines Kreises mit einem Radius von 2 Metern. Nun springst du in einer geraden Linie in Richtung Kreisrand. Dein erster Sprung ist 1 Meter weit, dein zweiter 50 Zentimeter. Jeder weitere Sprung ist nur halb so weit wie der vorherige. Wie viele Sprünge musst du machen, bis du aus dem Kreis springst?

## 125. KOFFEINARMER KAFFEE

Löse dieses Rätsel im Kopf, also ohne Papier und Bleistift.

Wenn Kaffee zu 97 Prozent koffeinfrei ist, wie viele Tassen muss man davon trinken, um die Koffeinmenge zu sich zu nehmen, die eine normale Tasse Kaffee enthält?

## 126. SCHNELLIGKEITSTEST

Löse diese Gleichung in weniger als einer Minute:

$1234567890 : [1234567891^2 - (1234567890 \times 1234567892)] = ?$

## 127. DER HEIMWEG

John kehrte von Brighton nach Hause zurück. Die Hälfte der Strecke fuhr er mit dem Zug, 15-mal so schnell, wie er zu Fuß gegangen wäre. Die zweite Hälfte fuhr er in einem Ochsenwagen. Zu Fuß wäre John doppelt so schnell gewesen.

Hätte er Zeit gespart, wenn er den ganzen Weg zu Fuß gegangen wäre? Und wenn ja, wie viel?

# 128. DER UHRMACHER

Ein Uhrmacher bekam einen Anruf, weil er bei einem Kunden dringend die kaputten Zeiger einer Standuhr ersetzen sollte. Da er krank war, schickte er seinen Lehrling.

Der Lehrling war gründlich. Als er mit der Überprüfung der Uhr fertig war, war es bereits dunkel. Eilig baute er die neuen Zeiger ein, verwechselte aber den Stunden- und den Minutenzeiger. Dann stellte er die Uhr nach seiner Armbanduhr. Es war 18 Uhr, also stellte er den großen Zeiger auf 6 und den kleinen Zeiger auf 12.

Der Lehrling fuhr zurück, doch schon kurz darauf läutete das Telefon. Als er den Hörer abnahm, hört er die verärgerte Stimme des Kunden. „Sie haben ihre Sache nicht richtig gemacht. Die Uhr zeigt die falsche Zeit an."

Verwundert eilte er wieder zum Kunden und stellte fest, dass die Uhr kurz nach 20 Uhr anzeigte. Der Lehrling gab dem Kunden seine Armbanduhr und sagte: „Vergleichen Sie doch die Zeit, Ihre Uhr geht keine Sekunde falsch."

Der Kunde musste ihm recht geben.

Gleich am nächsten Morgen rief der Kunde wieder an und sagte, dass die Zeiger der Uhr offensichtlich verrückt geworden wären und eine völlig willkürliche Zeit anzeigten. Der Lehrling eilte zu ihm, doch auf der Standuhr war es kurz nach 7. Nach einem Vergleich mit seiner Armbanduhr wurde der Lehrling ärgerlich.

„Sie halten mich zum Narren! Ihre Uhr geht richtig!"

Weißt du, was hier los ist?

## 129. DIE BLEIPLATTE

Kanalarbeiter brauchten für den Bau eines Abwasserkanals eine Bleiplatte in einer bestimmten Größe, hatten aber kein Blei mehr. Deshalb beschlossen sie, Schrotkugeln einzuschmelzen. Aber wie konnten sie deren Volumen herausfinden?

Ein Vorschlag war, eine Schrotkugel zu vermessen, die Formel für das Volumen einer Kugel anzuwenden und den Wert mit der Anzahl der Kugeln zu multiplizieren. Aber das hätte zu lange gedauert, und außerdem waren nicht alle Schrotkugeln gleich groß.

Ein zweiter Vorschlag war, das ganze Schrot zu wiegen und durch das spezifische Gewicht von Blei zu teilen. Doch leider konnte sich keiner an diese Zahl erinnern, und es gab vor Ort kein Handbuch.

Eine andere Idee war, das Schrot in einen 1-Liter-Krug zu gießen. Aber das Volumen der Kanne war um einen unbestimmten Teil größer als das Volumen des Schrots, weil das Schrot nicht ganz dicht gepackt und in der Kanne noch Luft enthalten war. Hast du einen Vorschlag?

## 130. DER MESSSCHIEBER

Ein Student muss ein zylindrisches Maschinenteil vermessen, das an beiden Enden gleich tiefe Einbuchtungen aufweist (siehe unten).

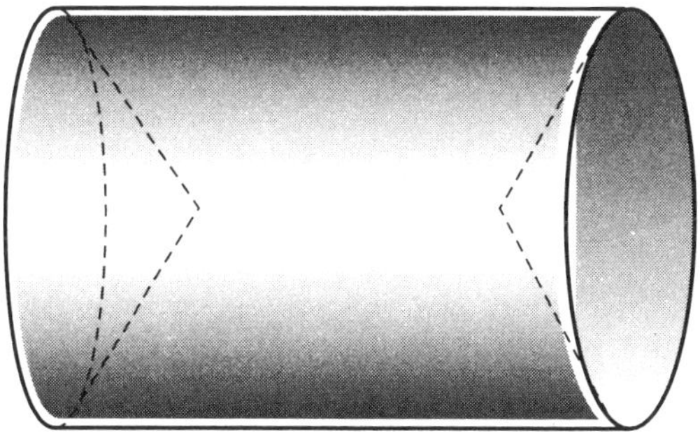

Er hatte kein Tiefenmaß, nur einen Messschieber und ein Lineal. Das Problem war, dass er die Tiefe der Einbuchtungen mit dem Messschieber abgreifen konnte, diesen aber zum Herausnehmen öffnen musste und den Abstand nicht mehr mit dem Lineal messen konnte.

Was tat er?

# 131. TREIBSTOFFTANKS

Eine kleine Tankstelle versorgt die Farmen am Stadtrand mit Treibstoff für die Fahrzeuge. Einmal im Monat wird Treibstoff angeliefert und in sechs Tanks gefüllt, die unterschiedlich groß sind. Sie sind nur für die Farmen reserviert. Fünf Tanks enthalten Diesel und der sechste eine spezielle Mischung aus bleifreiem Benzin und Alkohol. Die Tanks sind wie folgt beschriftet, um ihr Fassungsvermögen zu zeigen:

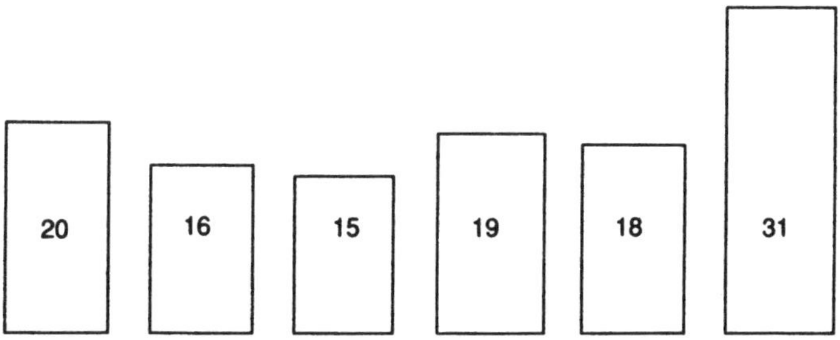


Einen Teil des Diesels kauft Joe Smith, und den Rest – genau doppelt so viel wie Joe Smith – kauft Pete Brown. Die Benzin-Alkohol-Mischung ist für Dave Jones. Letzten Monat kamen alle drei Farmer gleichzeitig, um ihre Lieferungen abzuholen. Der Einzige, der zu diesem Zeitpunkt in der Tankstelle arbeitete, war ein neuer Mitarbeiter, dem niemand gesagt hatte, welcher Tank welche Art von Treibstoff enthielt. Weder er noch die Farmer hatten eine Möglichkeit, den Treibstoff zu messen, und die eigenen Tanks, in denen die Farmer ihren Treibstoff abtransportierten, fassten eine größere Menge, als sie jeden Monat kauften, und waren nicht kalibriert.

Doch als die Farmer zur Tankstelle ankamen, um ihren Treibstoff abzuholen, fand der neue Mitarbeiter heraus, welcher Tank die Benzin-Alkohol-Mischung enthielt, und führte auch die beiden anderen Abfüllungen richtig aus.

Wie gelang ihm das?

## 132. DER DURCHMESSER DES DRAHTS

In der Berufsfachschule lernen wir, wie man Drehbänke und Maschinen konstruiert. Wir erfahren, wie man Messinstrumente gebraucht und sich nicht durch schwierige Situationen aus der Fassung bringen lässt.

Mein Meister und Lehrer gab mir einmal ein Stück Draht und fragte: „Wie misst du den Durchmesser eines Drahts?"

„Mit einem Mikrometer-Messgerät."

„Und wenn du keines hast?"

Als ich darüber nachdachte, fand ich eine Lösung. Wie lautete sie?

## 133. DAS FLASCHENVOLUMEN

Wenn eine Flasche, die teilweise mit Flüssigkeit gefüllt ist, einen flachen, runden oder rechteckigen Boden hat (siehe Zeichnung unten), kannst du ihr Gesamtvolumen unter Anwendung von nur einer Regel berechnen? Du darfst keine Flüssigkeit hinzugießen oder ausschütten.

## 134. SCHIFF UND WASSERFLUGZEUG

Ein Schiff bricht zu einer langen Reise auf. Als es 180 Kilometer von der Küste entfernt ist, startet ein Wasserflugzeug, um eine Nachricht zu überbringen. Seine Geschwindigkeit beträgt das 10-Fache der Geschwindigkeit des Schiffs. In welcher Entfernung von der Küste holt das Flugzeug das Schiff ein?

## 135. SCHIFFE UND RETTUNGSRING

Zwei Schiffe verlassen gleichzeitig die Anlegestelle. Die *Neptun* fährt flussabwärts und die *Poseidon* flussaufwärts, beide Schiffe fahren mit der gleichen Antriebskraft des Motors.

Als sie ablegen, fällt von der *Neptun* ein Rettungsring ins Wasser und treibt flussabwärts. Eine Stunde später bekommen die beiden Schiffe die Anweisung, zurückzukehren.

Kann die Mannschaft der *Neptun* den Rettungsring aus dem Wasser holen, bevor sich die Schiffe treffen?

## 136. EINE KOPFRECHNUNG

$$6751x + 3249y = 26\,751$$

$$3249x + 6751y = 23\,249$$

## 137. DREI MÄNNER AUF DER STRASSE

Drei Männer begegnen sich auf der Straße: Herr Schwarz, Herr Grau und Herr Weiß.

„Ist euch aufgefallen", fragt Herr Schwarz, „dass wir Schwarz, Grau und Weiß tragen? Aber keiner von uns trägt die Farbe seines Namens."

„Das stimmt", sagte der Mann in Weiß.

Kannst du sagen, wer spricht und wer welche Farbe trägt?

## 138. DAS QUADRATISCHE FELD

Ein Farmer besaß ein quadratisches Feld, auf dem 4 Eichen in gleichmäßigen Abständen vom Zentrum bis zur Mitte einer Seite in einer Reihe standen, wie in der Abbildung gezeigt.

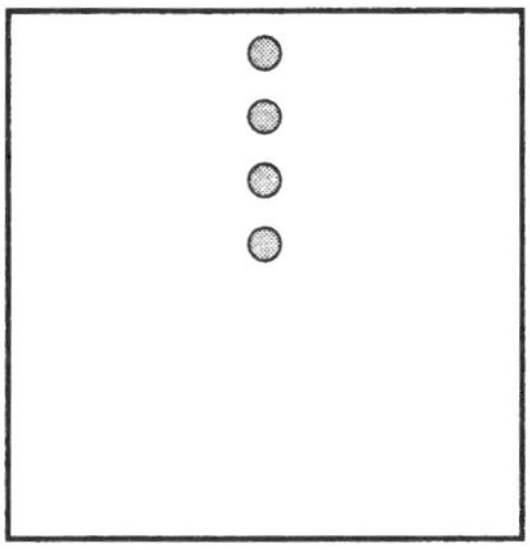

In seinem Testament vererbte der Farmer das quadratische Feld an seine vier Söhne, „die es in vier gleich große Teile, jeweils mit einer Eiche“, aufteilen sollten.

Wie teilten die Söhne das Feld auf?

## 139. KÖNIGE UND DAMEN

Drei Spielkarten wurden aus einem Kartenspiel gezogen und verdeckt in einer waagrechten Reihe abgelegt. Rechts von einem König liegen eine oder zwei Damen. Links von einer Dame liegen eine oder zwei Damen. Links von einer Herz-Karte liegen eine oder zwei Pik-Karten. Rechts von einer Pik-Karte liegen eine oder zwei Pik-Karten.

Um welche drei Karten handelt es sich?

## 140. GLEICHE STRECKE

Ich habe einen Reservereifen in meinem Auto. Letztes Jahr habe ich mit meinem Auto 10 000 Kilometer zurückgelegt und die Reifen so gewechselt, dass ich am Ende des Jahres mit jedem der fünf Reifen dieselbe Anzahl Kilometer zurückgelegt hatte. Wie viele Kilometer ist jeder Reifen gefahren?

## 141. RUNDHERUM

Stell dir vor, dass Rad A mit einem Durchmesser x um das fixierte Rad B rollt, das den Durchmesser 2x hat. Wie viele Umdrehungen um seine eigene Achse macht Rad A, wenn es einmal um Rad B rollt?

## 142. VERDÄCHTIGE GLÄSER

Mehrere Detektive untersuchten einen Giftmord in einem Hotel. Sie hatten in der Hotellounge teilweise gefüllte Gläser in einer Reihe auf einem Tisch aufgestellt und wussten, dass nur eines davon Gift enthielt. Sie wollten herausfinden, um welches es sich handelte, bevor sie es auf Fingerabdrücke hin untersuchten. Das Problem war, dass es zu lange dauern würde, alle Getränke in den Gläsern im Polizeilabor analysieren zu lassen. Deshalb holte der Inspektor einen Statistiker der Universität zu Hilfe, um herauszufinden, ob es eine schnellere Möglichkeit gäbe. Der Statistiker kam ins Hotel, zählte die Gläser und sagte lächelnd:

„Wählen Sie irgendein Glas aus, Inspektor, und ich teste es als Erstes."

Der Inspektor befürchtete, dass dabei ein Test verschwendet würde, doch der Statistiker behauptete, das wäre nicht der Fall.

Am Abend erzählte der Inspektor seiner Frau von diesem Fall.

„Wie viele Gläser waren es am Anfang?", fragte sie.

„Ich weiß nicht mehr genau – irgendetwas zwischen 100 und 200, glaube ich", antwortete der Inspektor.

Findest du heraus, wie viele Gläser es genau waren? (Wir gehen davon aus, dass man eine beliebige Menge von Gläsern gleichzeitig testen kann, indem man jedem Glas eine kleine Flüssigkeitsprobe entnimmt, die Proben mischt und mit der Mischung einen einzigen Test durchführt.)

## 143. DAS QUADRATISCHE FENSTER

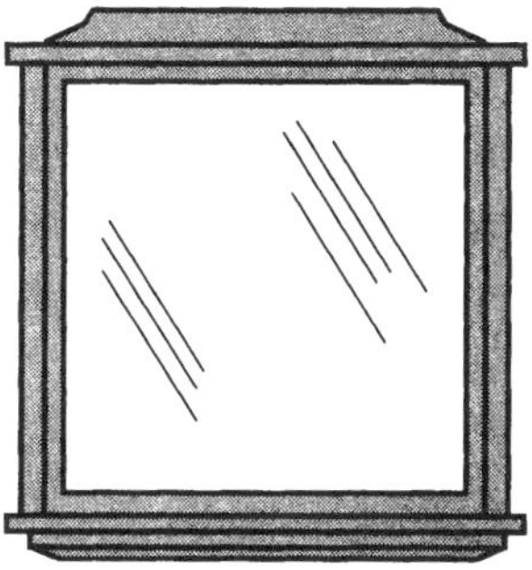

Das hier gezeigte Schaufenster ist 3 Meter hoch und 3 Meter breit. Der Dekorateur möchte die Hälfte des Fensters blau streichen, aber trotzdem noch ein quadratisches Stück Fenster, das 3 Meter hoch und 3 Meter breit ist, durchsichtig lassen. Wie bekommt er das hin?

## 144. DOMINOSTEINE

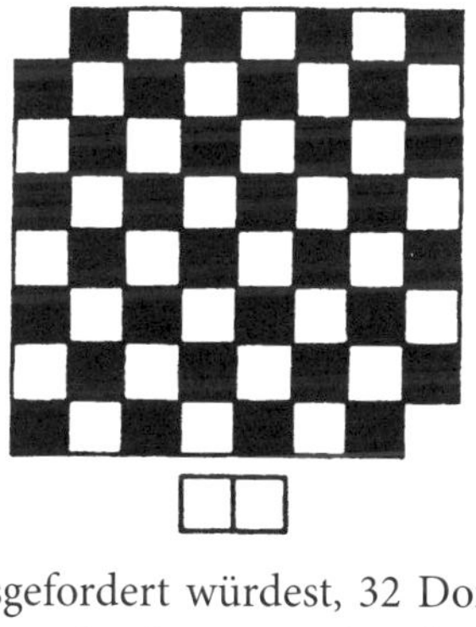

Wenn du dazu herausgefordert würdest, 32 Dominosteine so auf das Spielbrett zu legen, dass jeder Stein zwei Quadrate bedeckt, würdest du diese Aufgabe auf mehrere Arten lösen können. Das Damebrett oben hat jedoch nur 62 Quadrate (zwei Quadrate an den Ecken fehlen), und du sollst 31 Steine auf dieses Brett legen. Findest du eine Lösung? Falls nicht, kannst du erklären, warum es keine Lösung gibt?

## 145. EINE BRIDGE-PARTIE

Beim Spiel Bridge werden alle Karten an vier Spieler ausgeteilt, jeder Spieler bekommt also 13 Karten. Zwei Teams spielen gegeneinander. Mehr musst du nicht wissen, um die folgenden beiden Fragen zu Situationen, die im Spiel auftreten können, beantworten zu können.

FLUSH. Du hast zusammen mit deinem Spielpartner ein ungewöhnliches Blatt bekommen. Gemeinsam habt ihr alle 13 Karten einer Farbe. Ist dieses Ereignis wahrscheinlicher oder unwahrscheinlicher, als dass du mit deinem Partner gemeinsam von einer der Farben keine Karte hast?

PERFECT DEAL. Alle paar Jahre liest man in der Zeitung, dass die Spieler bei einer Partie Bridge einen „Perfect Deal“ hatten. Das bedeutet, dass jeder Spieler alle 13 Karten einer Farbe bekommen hat. Was denkst du, wie viele „Perfect Deals“ irgendwo auf der Welt innerhalb eines Jahrzehnts vorkommen?

## 146. COMPUTER

Ein Computerfreak namens Hacker besitzt mehrere Computer. Alle außer zweien sind Apple-Computer, alle außer zweien sind Commodore-Computer und alle außer zweien sind IBM-PCs. Wie viele Computer besitzt unser Freund?

## 147. EIN DRITTEL DES PLANETEN

Wie weit vom Zentrum der Erde müsstest du entfernt sein, um ein Drittel der Oberfläche des Planeten sehen zu können?

## 148. DAME

Nimm 16 Spielsteine – 8 schwarze und 8 weiße – und ordne sie wie unten abgebildet zu einem Quadrat von 4 x 4 Steinen an, deren Farben sich wie bei einem Schachbrett abwechseln. Wenn du keine Damesteine hast, funktioniert es auch mit Münzen. Kopf und Zahl stehen dann für die beiden unterschiedlichen Farben.

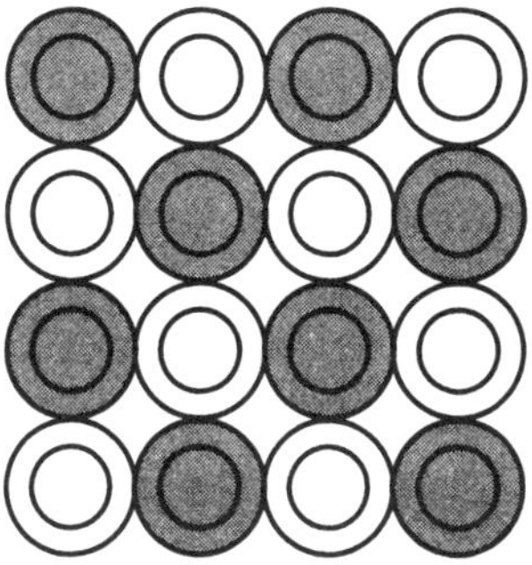

Nun ordne die Steine innerhalb des 4-x-4-Quadrats so um, dass jede Säule nur eine Farbe hat, also entweder ganz weiß oder ganz schwarz ist. Du könntest das Problem leicht lösen, wenn du 8 Steine berühren dürftest. Mit ein bisschen Überlegung gelingt dir das wahrscheinlich auch, indem du nur 6 Steine berührst. Die Aufgabe lässt sich aber sogar lösen, indem man nur 2 Steine berührt. Wie geht das?

## 149. WETTRENNEN MIT VORSPRUNG

Mel und Sid treten bei einem 100-Meter-Lauf gegeneinander an. Mel gewinnt mit 10 Metern Vorsprung. Sie beschließen, nochmal gegeneinander anzutreten, aber um auch Sid eine Chance zu geben, beginnt Mel 10 Meter hinter der Startlinie. Angenommen, beide rennen mit derselben konstanten Geschwindigkeit wie zuvor, wer gewinnt diesmal, Mel oder Sid? Oder kommen sie gleichzeitig ins Ziel?

## 150. . . . 9 10

In welche Reihe setzt du die 9 und die 10, um die Sequenz zu vervollständigen?

|   |   |   |   |   |   |   |   |
|---|---|---|---|---|---|---|---|
|   |   |   |   |   | 6 | 7 |   |
| 1 | 2 | 3 | 4 | 5 |   |   | 8 |

## 151. AM SÜDPOL

Basislager an Wissenschaftler am Südpol: „Wie ist die Temperatur?" „Minus 40 Grad", antwortete der Wissenschaftler. „Celsius oder Fahrenheit?", fragte das Basislager. „Ich denke nicht, dass das eine Rolle spielt", so der Wissenschaftler. Warum sagte er das?

## 152. DUNKLES BIER

Zwei Fremde kommen in einen englischen Pub. Der Barkeeper fragt, was sie bestellen wollen. Der erste Mann sagt: „Ich möchte ein dunkles Bier", und legt 50 Pence auf die Theke.

Der Barkeeper: „Guinness zu 50 Pence oder Jubilee zu 45 Pence?"

Der erste Mann: „Jubilee."

Der zweite Mann sagt: „Ich nehme ein dunkles Bier", und legt 50 Pence auf die Theke. Ohne zu fragen, gibt ihm der Barkeeper ein Guinness.

Woher weiß der Barkeeper, was der zweite Mann trinken will?

## 153. DER BONUS

Eine Firma bot ihren 350 Angestellten eine Bonuszahlung an. Jeder Mann sollte 10 Euro, jede Frau 8,15 Euro bekommen. Alle Frauen nahmen den Bonus an, ein bestimmter Anteil der Männer wollte ihn nicht annehmen. Die ausbezahlte Gesamtsumme war nicht von der Zahl der männlichen Angestellten abhängig. Welche Gesamtsumme wurde den Frauen ausbezahlt?

## 154. DER GEKACHELTE BODEN

Ein Pappquadrat mit 2,5 Zentimetern Kantenlänge wird beliebig auf einen gekachelten Boden geworfen (siehe Abbildung unten). Wie hoch ist die Wahrscheinlichkeit, dass es nicht auf eine Linie fällt? Gehe davon aus, dass sich das Muster über eine große Fläche wiederholt.

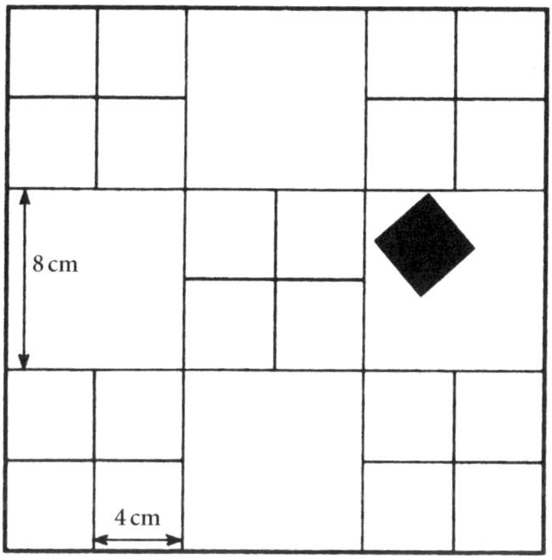


## 155. GEMISCHTE KARTEN

Beweise Folgendes: Wenn die oberen 26 Karten eines normalen gemischten Kartenspiels mehr rote Karten enthalten, als schwarze in den unteren 26 Karten enthalten sind, dann gibt es im Stapel mindestens drei aufeinanderfolgende Karten derselben Farbe.

## 156. EINE SELTSAME ZAHL

Wenn von einer bestimmten Zahl 7 abgezogen und der Rest mit 7 multipliziert wird, ist das Ergebnis dasselbe, wie wenn man von der Zahl 11 abzieht und den Rest mit 11 multipliziert. Finde heraus, um welche Zahl es sich handelt.

## 157. FROSTSCHUTZMITTEL

Eine Scheibenheizung im Auto mit 21 Liter Fassungsvermögen wird mit 18-prozentiger Alkohollösung befüllt. Wie viel Liter müssen abgelassen und durch eine 90-prozentige Alkohollösung ersetzt werden, damit die entstandene Lösung 42 Prozent Alkohol enthält?

## 158. BÄUME UND BLÄTTER

Wenn es mehr Bäume gibt als Blätter an irgendeinem Baum, gibt es mindestens zwei Bäume mit derselben Anzahl Blätter. Ist das richtig oder falsch?

## 159. DER LETZTE WILLE

Daniel Greene kam auf dem Weg zur Geburtsklinik, in der seine Frau Sheila in den Wehen lag, bei einem Autounfall ums Leben. Daniel hatte vor Kurzem ein neues Testament gemacht, in dem er bestimmt hatte, dass das Baby, falls es ein Junge sein sollte, zwei Drittel seines Vermögens erben sollte und Sheila ein Drittel. Sollte das Baby ein Mädchen sein, sollte es ein Viertel erhalten und Sheila die anderen drei Viertel. Sheila bekam Zwillinge, einen Jungen und ein Mädchen. Wie muss Daniels Vermögen aufgeteilt werden, damit sein letzter Willen erfüllt wird?

## 160. WEIN UND WASSER

Stell dir vor, dass du zwei große Krüge hast. Einer enthält 10 Liter Wasser und der andere 10 Liter Wein. Nun wird 1 Liter Wein aus dem Weinkrug in den Wasserkrug gegossen und die Mischung gut umgerührt. Danach wird 1 Liter der Mischung aus dem Wasserkrug in den Weinkrug gegossen.

Ist nun mehr oder weniger Wasser im Weinkrug als Wein im Wasserkrug?

## 161. LOGIKRÄTSEL

Vor langer Zeit stellte man einem Studenten der Logik folgende Frage: Angenommen, die Hälfte von 5 ist 3. Was ist dann ein Drittel von 10?

## 162. GESUNDHEITSPROBLEME

Wenn 70 Prozent der Bevölkerung fehlsichtig sind, 75 Prozent schlecht hören, 80 Prozent Probleme mit ihren Nasennebenhöhlen haben und 85 Prozent an Allergien leiden, welcher Mindest-Prozentanteil leidet dann an allen vier Krankheiten?

## 163. DIE STRASSENBAHNEN

Ein Mann geht gemächlich eine Straße entlang, die parallel zu einer Straßenbahnlinie verläuft. Er bemerkt Folgendes: Für 40 Straßenbahnen, die an ihm vorbei in die gleiche Richtung fahren, in die er läuft, kommen ihm in derselben Zeit 60 Straßenbahnen entgegen. Wenn der Mann 3 Kilometer pro Stunde zurücklegt, wie hoch ist dann die durchschnittliche Geschwindigkeit der Straßenbahnen?

## 164. VORBEIFAHRENDE ZÜGE

Ein Mann und eine Frau gehen unabhängig voneinander eine Eisenbahnstrecke entlang. Ein Zug fährt in 10 Sekunden an dem Mann vorbei. 20 Minuten später erreicht er die Frau. Er fährt 9 Sekunden an ihr vorbei. Wie lang, nachdem der Zug an der Frau vorbeigefahren ist, treffen sich der Mann und die Frau, wenn alle Geschwindigkeiten konstant bleiben?

## 165. DIE FLIEGE AUF DER SCHALLPLATTE

Eine Fliege läuft die Rille einer Langspielplatte entlang. Die Schallplatte liegt flach auf dem Boden, und wenn man von oben daraufblickt, scheint die Fliege im Uhrzeigersinn zu laufen. Wird sie, wenn sie so weiterläuft, schließlich am Rand der Schallplatte ankommen oder in der Mitte?

## 166. BEWEGE EINE MÜNZE

Zehn Münzen sind wie oben abgebildet angeordnet. Gelingt es dir, die Position von nur einer Münze so zu verändern, dass sowohl die senkrechte als auch die waagerechte Reihe aus 6 Münzen besteht? (Du findest die Lösung am besten, wenn du dies mit echten Münzen ausprobierst.)

## 167. DIE UNSYMMETRISCHE MÜNZE

Du hast Grund zur Annahme, dass du eine unsymmetrische Münze besitzt. Entweder Kopf oder Zahl erscheint mit größerer Wahrscheinlichkeit, und bei einer langen Serie von Würfen ergibt sich nicht das Verhältnis 50 : 50 von Kopf und Zahl. Wie kann diese Münze trotzdem dazu verwendet werden, eine Serie zufälliger Binärzahlen – Nullen und Einsen – zu erzeugen?

## 168. DAS FAHRRAD-EXPERIMENT

Ein Seil ist an einem Fahrradpedal befestigt, das sich unten an seinem Kreisbogen befindet (siehe oben) und sich nicht bewegt. Wenn jemand das Seil nach hinten zieht, während eine andere Person den Sitz leicht festhält, damit das Fahrrad nicht umkippt, bewegt sich das Fahrrad dann nach vorn, nach hinten oder überhaupt nicht?

## 169. EIN STÜCK SCHNUR

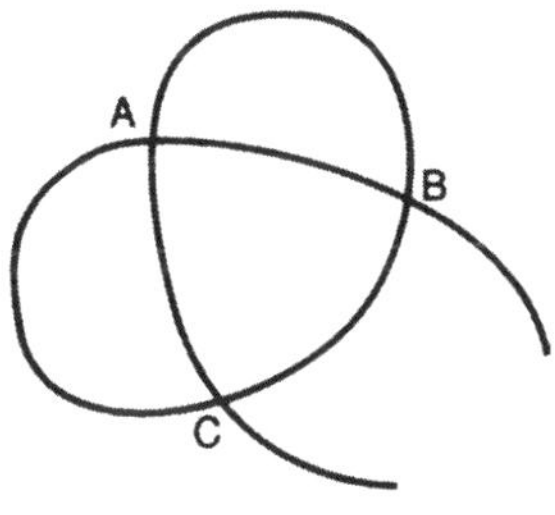


Ein Stück Schnur, das wie oben abgebildet auf dem Boden liegt, ist von einem Beobachter so weit entfernt, dass er nicht sehen kann, wie es sich an den Punkten A, B und C überschneidet. Wie hoch ist die Wahrscheinlichkeit, dass ein Knoten entsteht, wenn man die losen Enden auseinanderzieht?

## 170. DIE INSEL UND DIE BÄUME

Die Abbildung unten zeigt einen tiefen, kreisrunden See von 300 Meter Durchmesser mit einer kleinen Insel in der Mitte (grau schattiert). Die beiden schwarzen Punkte sind Bäume.

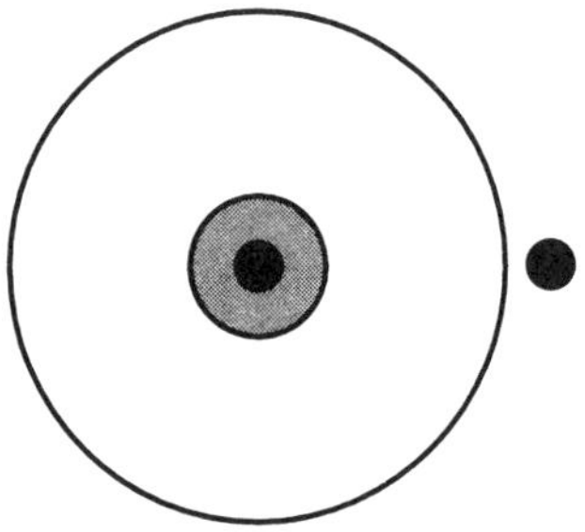

Ein Mädchen, das nicht schwimmen kann, hat ein Seil, das etwas länger als 300 Meter ist. Wie kommt es damit auf die Insel?

## 171. EIN JUNGE, EIN MÄDCHEN, EIN HUND

Ein Junge, ein Mädchen und ein Hund laufen am selben Punkt einer geraden Straße los. Der Junge läuft mit einer Geschwindigkeit von 4 Kilometern pro Stunde, das Mädchen mit 3 Kilometern pro Stunde. Währenddessen läuft der Hund mit 10 Kilometern pro Stunde zwischen den beiden hin und her. Wir nehmen an, dass der Hund jedes Mal ohne Verzögerung seine Richtung ändert. Wo ist er nach 1 Stunde und in welche Richtung läuft er?

## 172. SCHACHTELN UND BÄLLE

Vier Mädchen mit verbundenen Augen wurden identische Schachteln mit verschiedenfarbigen Bällen darin gegeben. Eine enthielt 3 schwarze Bälle, eine 2 schwarze und 1 weißen Ball; eine enthielt 1 schwarzen und 2 weiße Bälle und die vierte enthielt 3 weiße Bälle. Auf jeder Schachtel klebte ein Etikett mit der Aufschrift „3 schwarz", „2 schwarz, 1 weiß", „1 schwarz, 2 weiß" und „3 weiß". Den Mädchen wurde gesagt, dass keines der Etiketten den Inhalt der Schachtel richtig beschrieb. Die Mädchen sollten nacheinander 2 Bälle aus ihrer Schachtel nehmen. Dann wurde ihnen die Augenbinde abgenommen, damit sie die 2 Bälle in der Hand und das Etikett auf der Schachtel sehen konnten. Nun sollten sie die Farbe des Balls erraten, der noch in der Schachtel war.

Die Mädchen sagten die Farben ihrer Bälle laut, sodass alle es hören konnten. Was auf den Etiketten stand, war jedoch nur dem Mädchen bekannt, dem die jeweilige Schachtel gehörte.

Das erste Mädchen zog 2 schwarze Bälle und verkündete: „Ich kenne die Farbe des dritten Balls." Das zweite Mädchen zog 1 weißen und 1 schwarzen Ball und verkündete ebenfalls: „Ich kenne die Farbe des dritten Balls." Das dritte Mädchen zog 2 weiße Bälle, blickte auf ihr Etikett und sagte: „Ich kann nicht sagen, welche Farbe der dritte Ball hat." Schließlich verkündet das vierte Mädchen: „Ich brauche meine Augenbinde nicht abzunehmen und keine Bälle aus der Schachtel zu ziehen, denn ich weiß, welche Farben meine drei Bälle haben. Außerdem kenne ich auch die Farben der dritten Bälle in euren Schachteln."

Die ersten drei Mädchen waren verblüfft und überprüften diese Behauptung. Tatsächlich kannte das vierte Mädchen den Inhalt aller Schachteln. Wie war ihr das gelungen?

## 173. ZWEI ZÜGE

Wenn ein Personenzug doppelt so lange braucht, um an einem Güterzug vorbeizufahren, den er eingeholt hat, wie die beiden Züge brauchen, um aneinander vorbeizufahren, wenn sie in entgegengesetzte Richtungen fahren, wie viel Mal fährt der Passagierzug dann schneller als der Güterzug?

## 174. FEHLENDE SEITENANSICHT

Kannst du aus der Vorderansicht und der Draufsicht unten darauf schließen, wie das Seitenprofil dieses Objekts beschaffen ist, und kannst du das Objekt beschreiben?

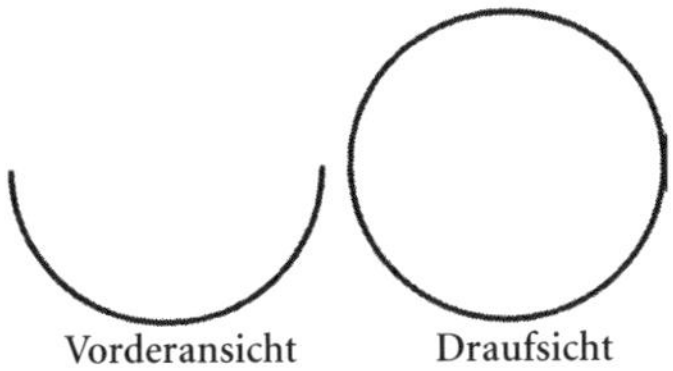

Vorderansicht Draufsicht

## 175. FLUCHT VOR DEM ZUG

Ein Mann lief auf einem Eisenbahngleis, als er einen Schnellzug auf sich zurasen sah. Er sprang vom Gleis, vorher lief er aber noch 5 Meter auf den Zug zu. Warum?

## 176. SCHÜSSEL UND BACKFORM

Meine Mutter hat eine Schüssel, die etwas mehr als 1 Liter fasst, und eine flache, rechteckige Form mit geraden Rändern, die genau 1 Liter fasst. Unten sind die Proportionen abgebildet.

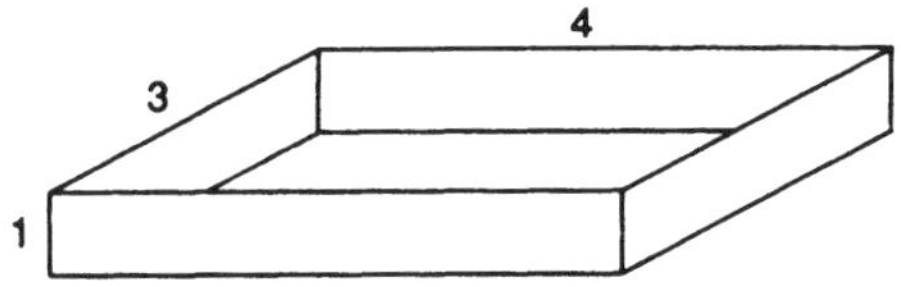


1= Höhe, 3 = Breite, 4 = Länge

Sie möchte genau einen Drittel Liter Wasser in die Schüssel füllen, aber sie hat keine anderen Mittel zum Abmessen. Sie hat einen Wasseranschluss und einen normalen Küchentisch mit einer exakt ebenen Tischplatte. Wie geht sie vor?

## 177. JASMINS ALTER

Als Jasmin zum Wahllokal ging, fragte der Wahlhelfer sie nach ihrem Alter.

Sie sagte: „Achtzehn."

Er sah sie überrascht an und fragte: „Bist du dir sicher?"

Jasmin lachte und antwortete: „Nein, ich habe mich um ein Viertel meines echten Alters plus ein Jahr jünger gemacht."

Der Wahlhelfer konnte nicht ausrechnen, wie alt sie tatsächlich war, aber sie durfte trotzdem ihre Stimme abgeben. Wie alt war Jasmin?

## 178. EINE KUGEL AUS DRAHT

Ein Draht mit $\frac{1}{100}$ Zentimeter Durchmesser wird eng zu einer Kugel mit einem Durchmesser von 24 Zentimetern gewickelt. Wir nehmen an, dass der Draht so fest gewickelt ist, dass keine Luft in der Kugel eingeschlossen ist. Wie lang ist der Draht?

## 179. ZWEI FÄHREN

Zwei Fähren legen im selben Moment von gegenüberliegenden Ufern des Hudson River ab. Eine Fähre fährt von New York nach Jersey City, die andere von Jersey City nach New York. Eine Fähre ist schneller als die andere, deshalb begegnen sie sich an einem Punkt 720 Meter vom nächstgelegenen Ufer entfernt.

Nach der Ankunft an ihren Bestimmungsorten halten sich die beiden Fähren dort 10 Minuten auf, um die Passagiere ein- und aussteigen zu lassen. Dann treten beide die Rückfahrt an. Die Fähren begegnen sich nun an einem Punkt, der 400 Meter vom anderen Ufer entfernt ist.

Wie breit ist der Fluss genau?

## 180. JOHN UND DAS HUHN

John versuchte, ein Huhn zu stehlen. Als er es zum ersten Mal sah, stand er 250 Meter genau südlich davon. Beide liefen zur selben Zeit mit gleichmäßiger Geschwindigkeit los, das Huhn genau nach Osten. Statt in gerader Linie nach Nordosten rannte John so, dass er in jedem Moment direkt auf das Huhn zulief. Angenommen, John lief 1⅓-mal so schnell wie das Huhn, wie weit rannte das Huhn, bevor es gefangen wurde?

## 181. DER VERURTEILTE

Ein Gefangener sollte hingerichtet werden, aber man versprach ihm die Freiheit, wenn er aus einem von zwei identischen Gefäßen eine silberne Kugel ziehen würde. Er durfte 50 goldene und 50 silberne Kugeln nach Belieben auf die Gefäße verteilen. Diese wurden dann geschüttelt und der Gefangene sollte aus einem Gefäß seiner Wahl eine Kugel ziehen.

Wie maximierte der Gefangene seine Erfolgschancen? Würde er gleich viele silberne und goldene Kugeln in ein Gefäß legen, würde auch das andere dieselbe Anzahl silberner und goldener Kugeln enthalten. Die Wahrscheinlichkeit, eine silberne Kugel zu ziehen, läge dann bei 1 : 2. Kannst du seine Chancen verbessern, und wenn ja, wie?

## 182. SPIELSTEINE UND BECHER

Ich nehme dieses Rätsel nur zögernd in die Sammlung auf, denn es ist an der Grenze zur Trickfrage. Trotzdem ist die Lösung originell.

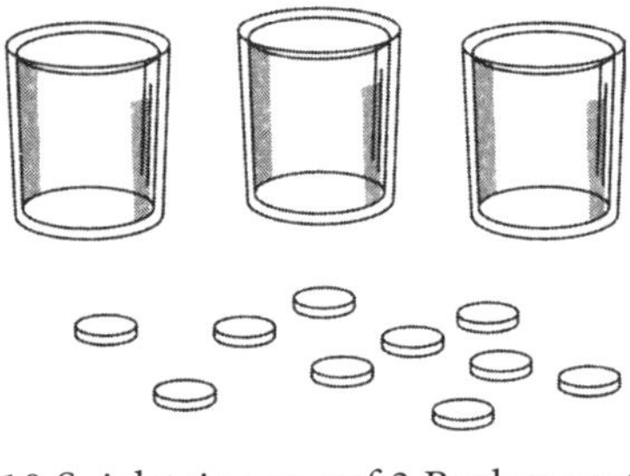

Wie kann man 10 Spielsteine so auf 3 Becher verteilen (siehe oben), dass jeder Becher eine ungerade Anzahl von Spielsteinen enthält?

## 183. AMEISENTEMPO

Ein Zug nähert sich dem Bahnhof King's Cross mit 114 Zentimetern pro Sekunde. Ein Passagier in einem Abteil läuft 36 Zentimeter pro Sekunde in Richtung Lokomotive vorwärts. Er isst einen 30 Zentimeter langen Hotdog, der mit einer Geschwindigkeit von 2 Zentimetern pro Sekunde in seinem Mund verschwindet. Eine Ameise rennt auf dem Hotdog mit 1 Zentimeter pro Sekunde vom Mund des Passagiers fort. Wie schnell nähert sich die Ameise dem Bahnhof King's Cross?

## 184. WAYNE UND SHIRLEY

Wayne und Shirley wollen eine Familie mit 4 Kindern gründen, aber sie möchten, dass möglichst nicht alle Kinder dasselbe Geschlecht haben. Ist es wahrscheinlicher, dass sie 3 Kinder vom einen Geschlecht und 1 Kind vom anderen bekommen oder dass sie 2 Kinder von jedem Geschlecht bekommen? (Wir gehen davon aus, dass die Wahrscheinlichkeit für die Geburt eines Jungen gleich hoch ist wie für die Geburt eines Mädchens. Tatsächlich ist das statistisch nicht der Fall.)

## 185. WORTREIHE

Welches Wort setzt folgende Wortreihe fort: *Hilfe, Weltkrieg, Welt, Macht, Element, Sinn …*?

Ist es (a) *Wasser*, (b) *Musik,* (c) *Begrüßung* oder (d) *Himmel*?

## 186. ZWEI SCHÜTZEN

Zwei Scharfschützen, Bill und Ben, wollten herausfinden, wer von ihnen der Bessere wäre. Bei ihrem ersten Treffen schoss jeder 50-mal und traf das Ziel 25-mal. Bei einem zweiten Wettschießen traf Bill das Ziel 3-mal bei 34 Schüssen, Ben verfehlte es 25-mal hintereinander und gab dann auf. Weil Bills Ergebnis beim zweiten Wettbewerb besser gewesen war als das von Ben, behauptete Bill, er wäre insgesamt der Bessere.

Hatte er recht?

## 187. LETHARGISCHE LAMAS

Ein Zoodirektor hält neun Lamas in einem großen quadratischen Gehege.

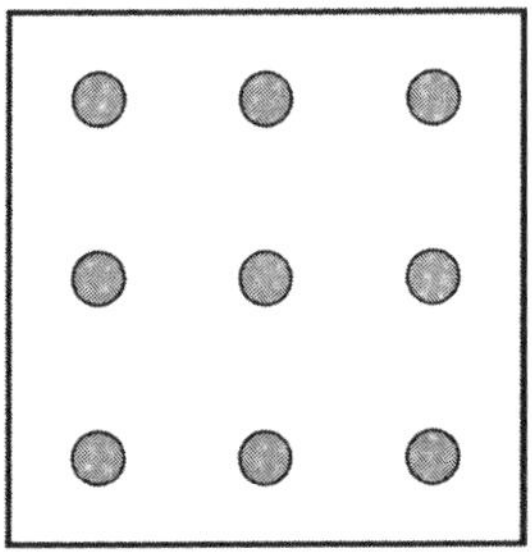

Seltsamerweise sind die Lamas sehr lethargisch und bleiben die ganze Zeit an derselben Stelle. Kannst du jedem der Tiere seinen eigenen Käfig zuteilen, indem du nur zwei quadratische Umzäunungen einziehst?

## 188. TRÄGE TAPIRE

Im selben Zoo gibt es zehn träge Tapire, die in einem runden Gehege immer wie unten abgebildet stehen.

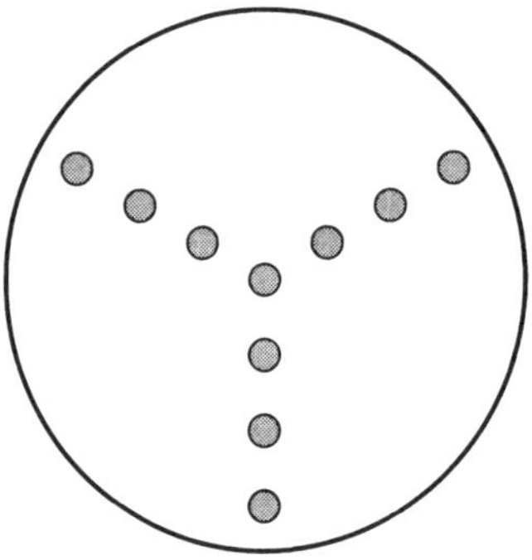

Verschaffe jedem Tapir sein eigenes Gehege, indem du nur drei zusätzliche runde Umzäunungen einziehst.

## 189. EIN HOLZBLOCK

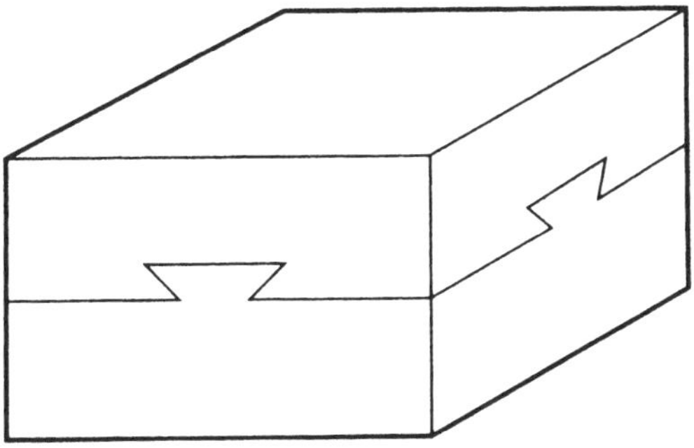

Der oben gezeigte Holzblock wurde in zwei Stücke gesägt und dann wieder zusammengesetzt. Das Muster auf den beiden nicht sichtbaren Seiten entspricht dem auf den beiden sichtbaren Seiten. Wie wurde das umgesetzt?

## 190. WORTRÄTSEL

Alle Wörter außer einem haben etwas gemeinsam. Was ist es, und welches passt nicht zu den anderen?

BALLON LINIE DRUCK SCHLANGE FEUCHTIGKEIT

RAD WIDERSTAND GEWEHR MATRATZE FILTER.

## 191. WAFFENTRANSPORT

Ich habe ein Gewehr, mit dem ich auf Tontauben schieße. Die Waffe ist 1,4 Meter lang. Eines Tages wollte ich mit der Bahn zu einem Schützenfest fahren. Der Mann am Fahrkartenschalter sagte mir, dass ich keine Waffe mit in das Abteil nehmen dürfe. Ich könne sie auch nicht als Gepäck aufgeben, denn im Gepäckabteil dürfe man keine Gepäckstücke annehmen, die länger als 1 Meter sind.

Schließlich durfte ich meine Waffe aber doch mitnehmen. Wie gelang mir das?

## 192. SCHWARZ UND WEISS

In einer Tasche befindet sich eine Spielmarke, die entweder schwarz oder weiß ist. Eine zweite Spielmarke, die definitiv weiß ist, wird in die Tasche gelegt. Die Tasche wird geschüttelt und eine Spielmarke wird gezogen. Sie ist weiß. Wie hoch ist die Wahrscheinlichkeit, dass die verbliebene Spielmarke auch weiß ist?

## 193. DAS BANKKONTO

Ein Bankkunde hatte 100 Euro auf seinem Konto. Er hob 6-mal Geld ab, insgesamt 100 Euro. Er notierte folgendermaßen, wie viel er abgehoben hatte und wie viel Geld noch auf dem Konto verblieben war:

| *Abhebungen* | *Guthaben* |
|---|---|
| 50 Euro | 50 Euro |
| 25 | 25 |
| 10 | 15 |
| 8 | 7 |
| 5 | 2 |
| 2 | 0 |
| 100 Euro | 99 Euro |

Als er die Zahlen addierte, schlussfolgerte er, dass er noch 1 Euro auf dem Konto haben musste. Hatte er recht?

## 194. DER HUT IM FLUSS

Ein Mann mit Strohhut angelte von einem Ruderboot im Fluss aus. Dieser floss mit 3 Kilometern pro Stunde, und das Boot trieb mit derselben Geschwindigkeit flussabwärts.

Gerade als der Mann flussaufwärts zu rudern begann, wehte ihm der Wind den Hut vom Kopf, und er fiel neben dem Boot ins Wasser. Doch er bemerkte erst, dass sein Hut weg war, als er bereits 5 Kilometer flussaufwärts gerudert war. Sofort begann er, wieder flussabwärts zu rudern, um seinen Hut zurückzuholen.

In unbewegtem Wasser rudert der Mann konstant mit 5 Kilometern pro Stunde. Würde er flussaufwärts rudern, läge seine Geschwindigkeit relativ zum Ufer wegen der Fließgeschwindigkeit des Flusses nur bei 2 Kilometern pro Stunde. Würde er flussabwärts rudern, betrüge seine Geschwindigkeit relativ zum Ufer aus demselben Grund 8 Kilometer pro Stunde.

Wenn der Mann seinen Hut um 14 Uhr nachmittags verloren hat, um welche Uhrzeit holt er ihn dann wieder aus dem Wasser?

## 195. MÜNZEN WERFEN

Jill bietet Jack folgende Wette an: Sie wirft 3 Münzen. Wenn alle Würfe Kopf oder alle Zahl zeigen, bekommt Jack 1 Euro. Wenn sie etwas anderes zeigen, muss er 50 Cent zahlen. Soll Jack die Wette annehmen?

## 196. DIE KÖNIGE

Sechs Spielkarten liegen verdeckt auf dem Tisch. Genau zwei der Karten sind Könige, aber du weißt nicht, welche. Du nimmst zufällig zwei Karten und drehst sie um. Was ist wahrscheinlicher:

Dass mindestens ein König dabei ist, oder
dass kein König dabei ist?

## 197. AMPELN

Die Hauptstraße unseres Orts ist ein Verkehrssystem aus sechs aufeinanderfolgenden Abschnitten, jeder davon ist ein Vielfaches von ⅛ Kilometer lang und endet an einer Ampel. Die Ampeln haben einen 26-Sekunden-Zyklus – 13 Sekunden zeigen sie Rot, 13 Sekunden Grün. Sie sind so synchronisiert, dass ein Fahrzeug mit 30 Kilometern pro Stunde jede Ampel am selben Punkt des Zyklus passiert.

Mein Bruder Albert hat das System studiert und glaubt, er könne schneller als 30 Kilometer pro Stunde hindurchfahren, ohne über eine rote Ampel zu fahren. Mit seinen Freunden Robert und Hubert unternahm er einen Versuch. Alle drei fuhren gleichzeitig in den ersten Abschnitt, Albert mit 30, Hubert mit 50 und Robert mit 75 Kilometern pro Stunde. Die erste Ampel schaltete 3 Sekunden später auf Grün.

Robert fuhr in unter 2 Minuten durch das ganze System, ohne anhalten zu müssen. Er glaubte aber, dass er Glück gehabt habe, weil er gerade bei der letzten Ampel ankam, als sie auf Rot schaltete. Hubert ging nach der dritten Ampel das Benzin aus. Er hätte in jedem Fall an der zweiten Ampel anhalten müssen, wenn er nicht im zweiten Abschnitt durch eine Verzögerung 10 Sekunden verloren hätte.

Wie lang sind die 6 Abschnitte?

## 198. DER FEIERTAG

In einem abgelegenen Dorf im Himalaya wird jeder Tag zum Feiertag erklärt, an dem die Glocken des Tempels und die des Klosters genau zur selben Zeit läuten. Die Tempelglocken läuten in regelmäßigen Abständen von einer ganzen Zahl von Minuten. Auch die Klosterglocken läuten in regelmäßigen Abständen, aber von einer anderen ganzen Zahl von Minuten. Heute um 12 Uhr mittags werden alle Glocken gemeinsam läuten.

Zwischen den Feiertagen läuten die Glocken des Tempels und die des Klosters abwechselnd, und an manchen Tagen liegt zwischen ihrem Läuten nur 1 Minute.

Das letzte Mal läuteten beide Glocken gemeinsam um 12 Uhr mittags vor einer Primzahl von Tagen. Wie viele Tage ist das her?

## 199. DER UHRMACHER

Ich habe zwei mechanische Tischuhren, die, wenn sie ganz aufgezogen sind, fast 8 Tage laufen. Beide Uhren zeigten verschiedene Zeiten an, und jede ging eine exakte Anzahl Minuten pro Tag falsch, aber beide weniger als 1 Stunde.

Ich brachte meine Uhren zum Uhrmacher. Er arbeitet montags bis freitags von 9.30 bis 17 Uhr. Er zog beide Uhren sofort ganz auf, stellte die richtige Uhrzeit ein – eine ganze Zahl von Minuten nach der vollen Stunde – und platzierte sie dann in ein Regal, um sie zu beobachten.

Am folgenden Montag, als er mit der Reparatur beginnen wollte, begannen sie gleichzeitig, 8 Uhr zu schlagen. Das war einige Stunden und Minuten nach der richtigen Zeit. An welchem Tag und zu welcher Uhrzeit genau hatte der Uhrmacher sie anfangs gestellt?

## 200. DIE BRÜCKE

Stadt A und Stadt B sind durch eine Brücke miteinander verbunden, die über einen Fluss führt. Am Ende eines Krieges stellten die Besatzer eine Wache in der Mitte der Brücke auf, um zu verhindern, dass die Bewohner von Stadt A und Stadt B sich gegenseitig besuchten. Da alle Fahrzeuge beschlagnahmt worden waren, konnte man nur zu Fuß über die Brücke von einer Stadt in die andere gelangen, was 10 Minuten dauerte. Die Wache war angewiesen, alle 5 Minuten aus dem Wachhäuschen zu kommen und jeden, der versuchte, die Brücke zu überqueren, in seine Stadt zurückzuschicken. Michael aus Stadt A wollte unbedingt seine Freundin in Stadt B besuchen. Gab es eine Möglichkeit?

## 201. DIE KEKSDOSE

Ein alter Kinderreim beginnt: „Wer hat den Keks aus der Keksdose geklaut …“ Von den folgenden Behauptungen ist nur eine wahr. Welche?

Ann: „Harry hat den Keks aus der Keksdose geklaut.“

Harry: „Fred hat den Keks aus der Keksdose geklaut.“

Lisa: „Was, ich? Kann nicht sein.“

Fred: „Harry lügt, wenn er behauptet, ich hätte den Keks geklaut.“

## 202. DURCH DIE WÜSTE

Ein Kleinflugzeug mit drei Männern an Bord muss mitten in der Wüste notlanden. Die Männer glauben, dass die Überlebenschancen für alle am größten sind, wenn sie sich in verschiedene Richtungen aufmachen, in der Hoffnung, dass einer von ihnen die Zivilisation erreicht und Hilfe für die anderen holen kann. Zu ihren Vorräten zählen 5 volle, 5 halb volle und 5 leere Wasserflaschen. Damit sie, falls sie zu einer Oase kommen, Wasser mitnehmen können, teilen sie den Wasservorrat und die Flaschen zu gleichen Teilen unter sich auf. Wie ist das möglich?

## 203. DER PANAMAKANAL

Ein Schiff fuhr am westlichen Ende in den Panamakanal, durchquerte ihn und verließ ihn im Osten. Sofort nachdem es den Kanal verlassen hatte, fuhr es in den Pazifischen Ozean ein. Das Schiff machte aber nicht kehrt und segelte nicht rückwärts. Wie konnte das sein?

## 204. DIE ABKÜRZUNG

John nimmt eine Abkürzung durch einen sehr engen Tunnel. Plötzlich hört er hinter sich das Pfeifen eines herannahenden Zugs. John hat drei Achtel des Tunnels durchquert und könnte umkehren. Da er 10 Kilometer pro Stunde läuft, würde er den Tunnel genau in dem Moment verlassen, in dem der Zug hineinfährt. Alternativ könnte er weiterlaufen, und der Zug würde ihn genau in dem Moment erreichen, in dem er von den Schienen springen würde. Mit welcher Geschwindigkeit nähert sich der Zug?

## 205. ROT, WEISS UND BLAU

Dieses berühmte Paradox hat zu Diskussionen und Ungläubigkeit bei vielen geführt, die die richtige Antwort nicht akzeptieren wollen.

Vier Bälle werden in einen Hut gelegt. Einer ist weiß, einer blau und zwei sind rot. Dann wird der Hut geschüttelt, und jemand zieht zwei Bälle. Er schaut sie an und verkündet, dass mindestens einer rot ist.

Wie hoch ist die Wahrscheinlichkeit, dass der andere Ball, den er gezogen hat, ebenfalls rot ist?

## 206. GEMEINSAMKEIT

Was ist folgenden Wörtern gemeinsam?

DEFINITION STUDENT KNOPF TIEFGANG

AFGHANISTAN NOPPEN ERSTMALS.

## 207. WORTGRUPPEN

Welches Wort aus Gruppe 2 passt zu den Wörtern in Gruppe 1?

Gruppe 1: STURM BANK KASTEN STEIN

Gruppe 2: MOND DÜNE SONNE BAUM.

## 208. ZWEI SIEGE

Bill ist ein guter Schachspieler. Oft spielt er gegen seine Eltern. Zwar gewinnt und verliert er gegen beide Eltern, aber seine Mutter spielt besser Schach als sein Vater. Die Eltern bieten ihm an, sein Taschengeld zu verdoppeln, wenn er von drei Spielen zwei Spiele in Folge gewinnt. Vater und Mutter sind abwechselnd seine Gegner. Gegen welchen Elternteil soll er zuerst spielen, um seine Gewinnchancen zu optimieren?

## 209. SUCHE X

Löse folgende Gleichung nach *x* auf:

$$\sqrt{x+\sqrt{x+\sqrt{x}}}\ldots = 2$$

## 210. TASCHEN VOLLER MÜNZEN

Freddy hat zehn Taschen in seiner Kleidung und 44 Münzen. Er möchte die Münzen so auf seine Taschen verteilen, dass sich in jeder eine andere Anzahl Münzen befindet. Kann er das hinbekommen?

## 211. DER SECHS-GALLONEN-HUT

Du hast in Texas als Souvenir einen 10-Gallonen-Hut gekauft. Zu Hause hast du auf dem Etikett gelesen, dass es nur ein 6-Gallonen-Hut ist. Jetzt bist du skeptisch, ob überhaupt 6 Gallonen Wasser hineinpassen. Die einzigen Gefäße, die du zur Hand hast, sind die unten abgebildeten. Wie kannst du mit ihnen 6 Gallonen Wasser in den Hut gießen?

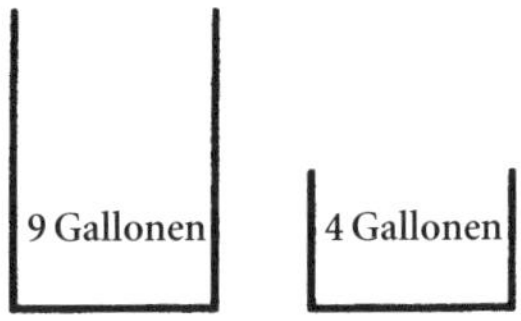


## 212. EINE GÄNSEHERDE

Zwei Brüder, Guy und George, erbten eine Gänseherde. Sie verkauften die ganze Herde und bekamen für jede Gans genau so viel Euro, wie Gänse in der Herde waren. Sie bekamen das Geld in 10-Euro-Scheinen und einen ungeraden Restbetrag, weniger als 10 Euro, in Münzen. Sie teilten die Geldscheine auf, indem sie jedem abwechselnd einen Schein gaben, aber Guy beschwerte sich, dass das nicht gerecht wäre, weil George sowohl den ersten als auch den letzten Schein erhielt und somit 10 Euro mehr. Zum Ausgleich gab George Guy das ganze Münzgeld, aber Guy fühlte sich immer noch benachteiligt. George erklärte sich bereit, Guy einen Scheck über die Differenz auszustellen. Welchen Betrag schrieb er auf den Scheck?

## 213. DREI PUNKTE AUF DER HALBKUGEL

Drei zufällige Punkte auf einer Kugel werden ausgewählt. Mit welcher Wahrscheinlichkeit liegen alle auf derselben Halbkugel? Der Großkreis, der die Kugel halbiert, ist dabei Teil einer Halbkugel.

## 214. BRIDGE-KARTEN AUSGEBEN

Ein Mann hatte etwa die Hälfte der Karten für eine Bridge-Partie ausgegeben, als er von einem Telefonanruf unterbrochen wurde. Als er zurückkam, konnte sich keiner mehr erinnern, wer die letzte Karte bekommen hatte. Wie konnten die restlichen Karten ausgegeben werden, sodass jeder die Karten bekam, die er bekommen hätte, wenn die Ausgabe der Karten nicht unterbrochen worden wäre, ohne dass bekannt war, wie viele Karten die vier Teilnehmer bereits bekommen hatten oder wie viele Karten noch im Stapel waren?

## 215. DER 50-EURO-SCHEIN

Ein Bankdirektor fand einen 50-Euro-Schein im Rinnstein. Er hob ihn auf und notierte die Seriennummer. Am Nachmittag bemerkte seine Frau, dass die Familie dem Metzger noch 50 Euro schuldete. Der Bankdirektor beglich die Schulden mit diesem 50-Euro-Schein. Der Metzger bezahlte damit einen Farmer, der einen Viehhändler bezahlte, der wiederum mit dem Schein in der Wäscherei bezahlte. Der Wäschereibesitzer beglich mit dem 50-Euro-Schein seine Bankschulden. Der Bankdirektor erkannte den Schein wieder und sah, dass es sich um Falschgeld handelte. Inzwischen waren damit 250 Euro Schulden beglichen worden.

Entstand bei dieser Transaktionsserie ein Verlust? Wenn ja, wem?

## 216. DAS RADRENNEN

Zwei Radfahrer fahren auf einer kreisförmigen Rennbahn. Pierre fährt 1 Runde in 6 Minuten, Louis fährt 1 Runde in 4 Minuten. Wie viele Minuten braucht Louis, um Pierre zu überrunden?

## 217. DER NORDPOL

Ein Mann geht zum Nordpol. Natürlicherweise zeigt ihm der Kompass folgende Himmelsrichtungen an:

N

W O

S

Er erreicht den Pol und läuft weiter. Dann dreht er sich um und schaut nach Norden. Osten müsste nun links und Westen rechts sein, die Himmelsrichtungen auf dem Kompass müssten folgende sein:

N

O W

S

Ist das richtig? Wenn nicht, hast du eine Erklärung dafür?

## 218. KARTENSPIELE

Jack und Jill spielen Karten um 1 Euro. Am Ende des Abends hat Jack 3 Spiele gewonnen und Jill hat 3 Euro gewonnen. Wie viele Partien haben sie gespielt?

## 219. LANGSPIELPLATTE

Eine Schallplatte hat 12 Zoll Durchmesser. Die ungenutzte Mitte hat einen Durchmesser von 4 Zoll, und der glatte äußere Rand ist 1 Zoll breit. Wenn jeder Zoll 91 Umdrehungen der Rille enthält, wie weit bewegt sich die Nadel beim Abspielen einer Seite nach innen?

## 220. WELCHE SPORTART?

Ich habe drei Freunde. Zwei spielen Fußball, zwei spielen Tennis, zwei spielen Golf. Derjenige, der nicht Golf spielt, spielt nicht Tennis, und derjenige, der nicht Tennis spielt, spielt nicht Fußball. Welcher meiner Freunde übt welche Sportart aus?

## 221. WELCHER TAG IST HEUTE?

Wenn der Tag nach morgen gestern ist, ist heute so weit von Sonntag entfernt, wie heute von Sonntag entfernt ist, wenn der Tag vor gestern morgen ist. Welcher Tag ist heute?

## 222. BEUTEL MIT MÜNZEN

Ein Mann brachte genau 1000 Euro in Euro-Münzen zur Bank. Er gab sie dem Kassierer und bat ihn, das Geld so auf 10 Beutel zu verteilen, dass er, wenn er einmal einen beliebigen Münzbetrag von bis zu 1000 Euro bräuchte, ihn sich nehmen könnte, ohne einen der Beutel öffnen zu müssen. Wie hat der Kassierer das hinbekommen?

## 223. GARAGENPLATZ

Ein Spediteur hatte in seiner Garage für acht seiner Lastwagen keinen Platz. Er vergrößerte die Garage deshalb um 50 Prozent. Nun passten acht Lastwagen mehr hinein, als ihm insgesamt gehörten. Wie viele Lastwagen besaß er?

## 224. SCHOKOLADENKEKSE

Drei Mädchen wollten eine Packung Schokoladenkekse entsprechend ihrem Alter teilen. Zusammen sind sie 17½ Jahre alt, und die Packung enthält 770 Kekse. Für 4 Kekse, die Joan bekommt, bekommt Jane 3. Für 6 Kekse, die Joan bekommt, bekommt Jill 7. Wie viele Kekse bekam jedes der Mädchen, und wie alt waren sie jeweils?

## 225. ORIENTIERUNGSLOS

Ich reise durch ein fremdes Land und habe keine Landkarte. Als ich an eine Kreuzung komme, ist der Wegweiser umgestürzt. Wie kann ich den Weg finden, ohne jemanden zu fragen?

## 226. RÄTSELHAFTES ALTER

Vorgestern war Peter 17. Nächstes Jahr wird er 20. Wie erklärst du das?

## 227. BLÜTENBLÄTTER

Die Blütenblätter oben bestehen aus Kreisen, die jeweils einen Radius von 1 Zentimeter haben. Kannst du berechnen, welche Fläche jede der dunklen Blütenblattformen hat?

## 228. QUADRATE VOM QUADRAT

Konstruiere nur mit einem Lineal 5 kleinere Quadrate, deren Flächen zusammengenommen der Fläche des größeren Quadrats entsprechen.

## 229. DIE ZIEGE

Ein Mann zahlt einem Bauern Pacht dafür, dass seine Ziege auf dessen Wiese weiden darf. Die Ziege ist auf dem Gelände mit einem 7 Meter langen Seil an einem Pfosten festgebunden, sodass die Fläche, auf der sie grasen kann, einem Kreis mit einem Radius von 7 Metern entspricht. Der Landwirt hat beschlossen, auf der Wiese einen Schuppen mit 4 × 3 Metern Grundfläche zu bauen. Den Pfosten, an dem die Ziege festgebunden ist, will er als einen der Eckpfosten des Schuppens verwenden (siehe unten).

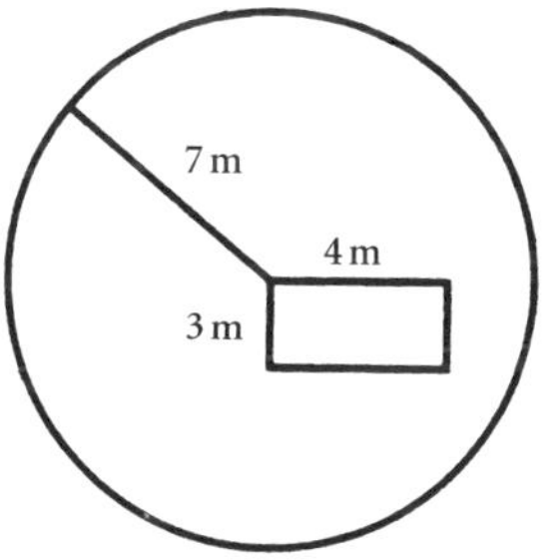


Der Ziegenbesitzer hat dem Bauern bisher 100 Euro jährlich Pacht bezahlt. Um wie viel muss sich die Pacht verringern, nachdem die Weidefläche der Ziege verkleinert wurde?

## 230. KONGRUENTE KREISE

Die Abbildung unten zeigt drei gleiche Kreise. Sie wurden so gezogen, dass ihre jeweilige Kreislinie durch den Mittelpunkt der anderen beiden Kreise verläuft. Ist die schattierte Fläche der Überschneidung größer oder kleiner als ein Viertel der Fläche eines Kreises?

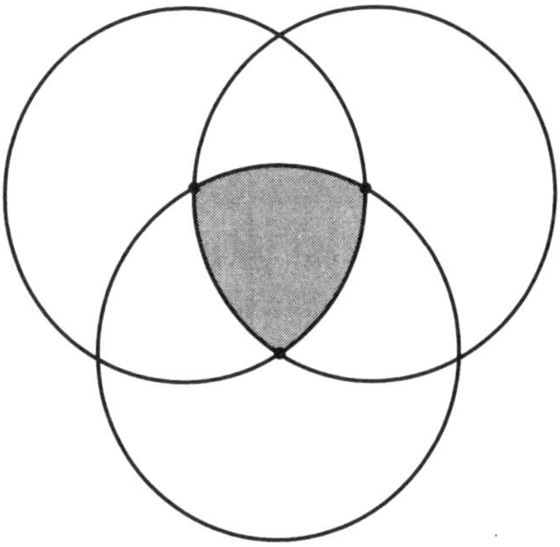

Dieses Problem lässt sich lösen, ohne dass man die Fläche des gleichseitigen Dreiecks innerhalb der Überschneidung berechnet und dann die Flächen der drei Kreissegmente auf jeder Seite des Dreiecks addiert. Man braucht für die Lösung tatsächlich überhaupt keine geometrische Formel.

## 231. ANSICHTEN

Diese beiden Abbildungen zeigen ein Objekt von vorn und von oben. Wie sieht es von der Seite aus?

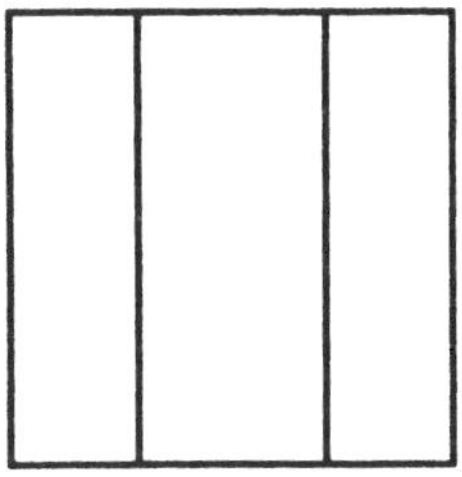

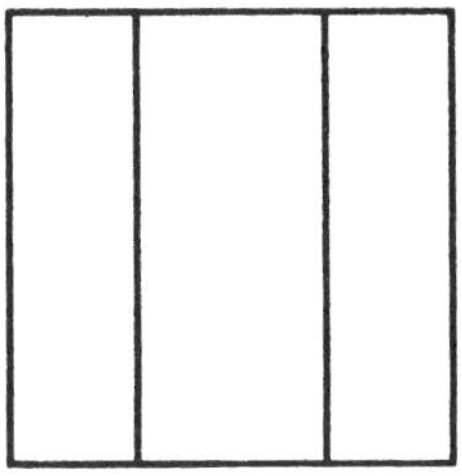

## 232. SPINNE UND FLIEGE

Das geodätische Rätsel von der Spinne und der Fliege war wohl Henry Dudeneys berühmtestes Rätsel. Es wurde 1903 erstmals publiziert und erregte 1905 großes öffentliches Interesse, als es in der Londoner *Daily Mail* erschien.

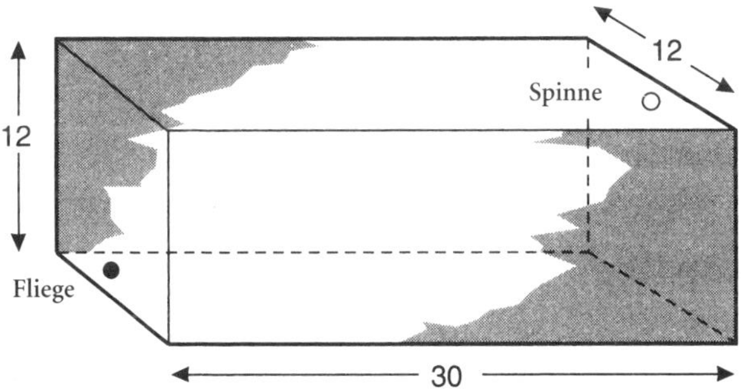


Ein quaderförmiger Raum ist 30 Fuß lang, 12 Fuß breit und 12 Fuß hoch, wie oben dargestellt. Die Spinne sitzt 1 Fuß unterhalb der Decke an einer Wand. Die Fliege sitzt 1 Fuß über dem Boden an der gegenüberliegenden Wand und kann sich nicht bewegen, weil sie starr vor Angst ist. Wie lang ist der kürzeste Weg von der Spinne bis zur Fliege?

## 233. DAS VERSCHWINDENDE QUADRAT

Zeichne ein Quadrat wie in Abbildung A gezeigt, dessen Fläche aus 64 Einheiten besteht. Schneide es entlang der eingezeichneten Linien auseinander und füge es zusammen wie in Abbildung B gezeigt. Das ergibt ein Rechteck mit einer Fläche von 65 Einheiten.

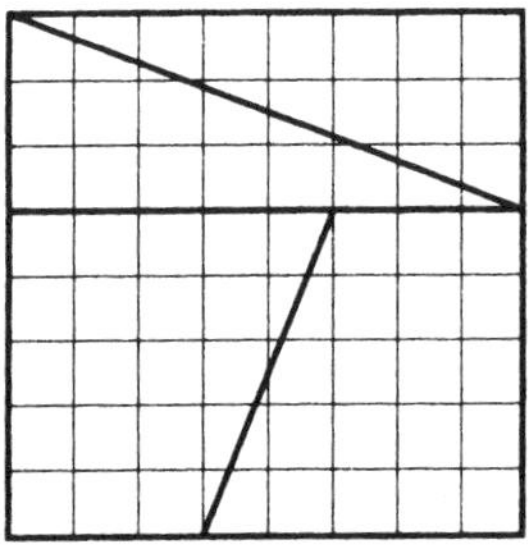

Fläche A = 8 × 8 = 64

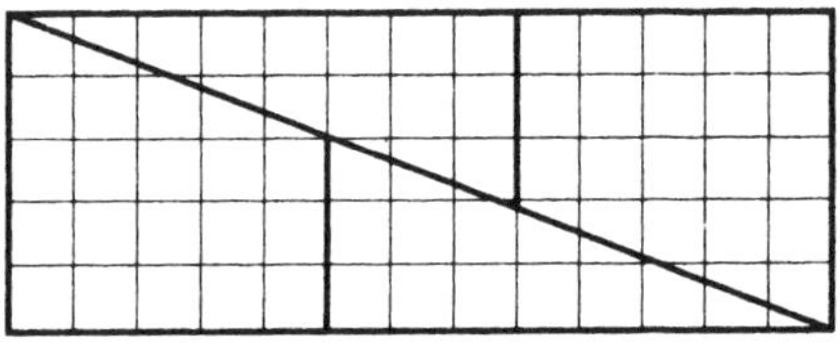

Fläche B = 5 × 13 = 65

Das zusätzliche Quadrat kann man mit einer langen, schmalen rautenförmigen Lücke entlang der Diagonale des 5-×-13-Rechtecks erklären. Sie ist mit bloßem Auge kaum zu bemerken.

Es wird erzählt, dass ein cleverer Fälscher eine ähnliche optische Illusion nutzte, um aus 14 20-Euro-Scheinen 15 zu machen. Wie kann das funktionieren?

## 234. DIE ALLEE

Eine Bürgerinitiative hat sich über die Pläne für ein Neubauprojekt im Ort beschwert. Der geplante Standort (unten abgebildet) ist ein Quadrat, und jede Seite ist ¾ Kilometer lang.

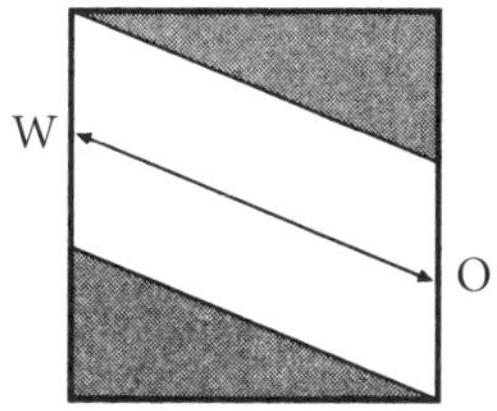


Nur auf den schattierten Flächen (den zwei identischen dreieckigen Flächen) sollen Häuser gebaut werden. Die Fläche dazwischen, durch deren Mitte eine (hier als Linie gedachte) Straße von West nach Ost verläuft, soll als Grünfläche gestaltet werden.

Die Kritiker finden, dass die Grünfläche zu viel Platz einnimmt – sie soll der Planung zufolge $7/12$ der Gesamtfläche des Grundstücks belegen. Wie lang ist die Allee in der Mitte?

## 235. NORDEN FINDEN OHNE KOMPASS

Tom unternimmt eine lange Wanderung und hat bereits die halbe Strecke hinter sich, als er merkt, dass er die Orientierung verloren hat. Er weiß, dass er bisher ziemlich genau Richtung Süden gelaufen ist, aber ohne Kompass ist er sich nicht sicher, wie er wieder nach Hause findet. Wie kann Tom nur mithilfe eines Stocks dafür sorgen, dass er wieder heimfindet?

# LÖSUNGEN

## 1. Der Thronerbe

Für den vorgeschlagenen Test muss man eine Blutprobe nehmen. Der Minister weiß, dass der echte Prinz an der Bluterkrankheit leidet.

## 2. Ein Toter im Auto

Das Opfer saß in einem Cabriolet. Der Mord geschah, als das Dach geöffnet war.

## 3. Der Traum eines Soldaten

Der Soldat hatte diesen Traum, während er Wachdienst hatte.

## 4. Das Urteil

Der überführte Mörder ist ein siamesischer Zwilling.

## 5. Die sitzen gelassene Braut

Das Mädchen war keine Hexe. Es hatte einfach Schnee in die Glocke gestopft, der während der Feier geschmolzen war.

## 6. Trickreicher Taxifahrer

Die Frau begreift, dass der Taxifahrer sie sehr wohl verstanden hat, weil er sie zu der gewünschten Adresse gefahren hat.

## 7. Der Scharfschütze

Der Hut hing über dem Lauf der Waffe.

## 8. Tod in Squaw Valley

Der Angestellte erinnerte sich, dass er die Flugtickets für den Banker ausgestellt hatte: für ihn selbst einen Hin- und Rückflug und für seine Frau nur einen Hinflug.

## 9. Einbrecher

Arthur ist erst 10 Monate alt.

## 10. Schlaflosigkeit

Pete hatte nicht schlafen können, weil Dave so laut geschnarcht hatte.

## 11. Der Nordpol

Die Wahrscheinlichkeit ist gleich Null. Anders gesagt: Die Entfernung kann nicht größer als 15 000 Kilometer sein. Eucla oder jeder andere Ort, der 15 000 Kilometer vom Nordpol entfernt ist, muss auf demselben Breitengrad liegen wie Porto Alegre. Der Erdumfang am Äquator beträgt etwa 40 000 Kilometer. Der Erdumfang durch die Pole ist etwas geringer, weil die Erde an den Polen abgeflacht ist. Die maximale Entfernung von zwei Orten auf dem 30. Breitengrad beträgt etwa 10 000 Kilometer, wenn man die Entfernung über den Südpol misst.

## 12. Lange Division

Die Lösung ist 10. Beginne am Ende und arbeite dich bis zum Anfang vor. Neun Zehntel von 100 sind 90. Acht Neuntel von 90 sind 80. Sieben Achtel von 80 sind 70. Mach so weiter, bis du bei der Hälfte von 20 angelangt bist.

## 13. Taschengeld

Jim bekommt 5 Euro Taschengeld und Andrew 7 Euro. Es gibt zwei Hinweise auf die Lösung. Der Unterschied muss 2 Euro betragen, und die Beträge, die die Brüder wöchentlich bekommen, müssen ungerade Zahlen sein, sonst könnte Andrew, nachdem er von Jim 1 Euro bekommen hat, nicht doppelt so viel haben wie sein Bruder.

In folgenden Gleichungen entspricht Jims Taschengeld $x$ und Andrews $y$.

Dann gilt: $2(x - 1) = (y + 1)$

und $(y - 1) = (x + 1)$

oder $y = x + 2$

Daher gilt:

$$2(x - 1) = x + 3$$

$$2x - 2 = x + 3$$

$$x = 5$$

$$y = 7$$

## 14. Parktrick Nr. 1

Nach dem Treffen ging Clive zum erstbesten Polizisten, den er finden konnte, und sprach ihn in gebrochenem Deutsch an:

„Entschuldigen Sie, ich habe ein Problem. Bitte können Sie mir helfen? Ich kenne mich in Zürich nicht aus. Ich habe mein Auto irgendwo in der Nähe des Sees geparkt. Nun suche ich schon eine Stunde lang verzweifelt, aber ich kann es nicht finden."

Die Schweizer Polizei ist zwar ungnädig mit Parksündern, aber Touristen gegenüber sehr hilfsbereit. Nach 30 Minuten war das Auto gefunden, und natürlich musste Clive keine Strafe zahlen.

## 15. Parktrick Nr. 2

Er nahm ein Parkticket von einem anderen Auto und steckte es unter seinen Scheibenwischer. Nach der Vorstellung würde er es zurückgeben, falls das andere Auto noch da wäre. Wenn nicht, würde er es wegwerfen. Nicht wirklich fair, oder?

## 16. Das Signal

Der Agent hatte eine eineinhalbminütige Nachricht auf Band aufgenommen, auf das 200-Fache beschleunigt und nach Riad gesendet. Die Empfänger ließen die Nachricht dann wieder langsam abspielen.

Sie wussten, dass die Nachricht von ihrem Agenten stammte, weil sie ein Sprachmuster von ihm mit einem Oszilloskopen aufgenommen hatten. Das Gerät rechnete sein Sprachsignal in ein Strichmuster um, das einen Menschen genauso eindeutig identifiziert wie ein Fingerabdruck. Sie wussten außerdem, dass der Agent nicht zu der Nachricht gezwungen worden war, weil sie mit ihm bestimmte Wortfolgen und Betonungen vereinbart hatten, die er benutzen sollte, falls er unter Zwang handelte.

## 17. Ein mysteriöses Ereignis im Krieg

Als der Chef des KGB den Konferenzraum betrat, erkannte Topolew den Zivilisten Klaus von Hasseldorf, einen Adjutanten des deutschen Botschafters Graf Schulenberg. Topolew begriff sofort, dass Hasseldorf für den KGB spionierte. Topolew hingegen spionierte für den deutschen Geheimdienst, wo Hasseldorf sein Ansprechpartner und Betreuer war. Nur wenige Tage später, am 22. Juni 1941, überbrachte Joachim von Ribbentrop dem russischen Botschafter in Berlin die Kriegserklärung.

## 18. Im Schwarzwald

Der Mann war Pilot der deutschen Luftwaffe. Weil sein Flugzeug einen Motorschaden hatte, musste er sich aus der Maschine retten. Doch sein Fallschirm verhedderte sich in einem Baum. Unfähig, sich zu befreien, war er nach einigen Tagen an Entkräftung gestorben.

## 19. Tief im Wald

In der vorherigen Nacht hatten Dorfbewohner eine Explosion gehört und einen Feuerball auflodern sehen. Sie meldeten es der Polizei. Diese vermutete, dass ein Flugzeug abgestürzt war, und schickte Hänsel und Gretel los, um Genaueres in Erfahrung zu bringen. Was die beiden fanden, war der Rumpf des Flugzeugs.

## 20. Sechserpack

Die Antwort ist komplexer, als es zunächst scheint. George müsste zwar weniger schwer schleppen. Das Gesamtgewicht (einschließlich der leeren Dosen) wäre insgesamt nicht geringer, aber seine Muskeln würden nicht mehr so stark belastet. Nach kurzer Zeit würde George aber Gewicht verlieren, weil er stärker schwitzen würde.

## 21. Die Spieler

Ian und Emma hatten eine Suite auf einem Kreuzfahrtschiff gebucht. Am vierten Tag gab es eine Explosion im Maschinenraum, in deren Folge das Schiff sank. Einige Passagiere wurden gerettet, aber viele ertranken. Unter ihnen waren auch Ian und Emma.

## 22. Die „Spirit of St. Louis“

In der einmotorigen Maschine war Lindbergh doppelt so sicher.

Die Begründung ist wie folgt:

Nehmen wir an, der Hersteller hat 100 Triebwerke gebaut, von denen eines einen Schaden hatte. Die Wahrscheinlichkeit, dass es das Triebwerk von Lindberghs Flugzeug war, lag bei 1 Prozent. Hätte er eine zweimotorige Maschine geflogen, hätte die Wahrscheinlichkeit bei 2 Prozent gelegen.

## 23. Das Vorstellungsgespräch

Gerry war pleite und hatte beschlossen, per Anhalter zu fahren. Er hatte Pech und musste in Long Beach und Oceanside lange warten, bis ihn jemand mitnahm.

## 24. Der Telefonanruf

Vater und Kind oder Onkel/Tante väterlicherseits und Neffe/Nichte.

## 25. Verwandte

Jill ist Jeans Mutter; oder Jean ist die Tochter des Bruders oder der Schwester von Jacks Frau.

## 26. Schwestern

Die Mädchen haben noch mehr Geschwister und sind Drillinge, Vierlinge etc.

## 27. Wie nah verwandt?

Der nächste Verwandtschaftsgrad ist der Vater.

## 28. Das Gemälde

Der Sohn des betrachtenden Mannes ist auf dem Gemälde zu sehen.

## 29. Das Alter der Söhne

Es gibt 14 Kombinationen, die die Bedingung des ersten Hinweises erfüllen, auch wenn zwei der Söhne Zwillinge sind (Sie können keine Drillinge sein, denn zusammen sind sie 13 Jahre alt). Der zweite Mann kennt sein eigenes Alter, aber der zweite Hinweis bringt ihn nicht auf die Antwort. Deshalb muss er 36 Jahre alt sein – das einzige Produkt, das bei den 14 möglichen Kombinationen zweimal vorkommt.

Der dritte Hinweis stellt klar, dass es nur einen ältesten Sohn gibt, keine zwei. Deshalb entfällt die Kombination 6, 6 und 1. Die Antwort kann nur lauten: Die Söhne sind 9, 2 und 2 Jahre alt.

## 30. Vater und Großvater

Ja. Dein Großvater mütterlicherseits kann jünger sein als dein Vater.

## 31. Vier Familien

Wir wollten das Spiel zunächst ausfallen lassen, weil am Samstag wegen der Grippe weniger als 18 Kinder im Park auftauchten.

Es gibt nur 14 verschiedene Zahlenkombinationen, die miteinander addiert 17 oder weniger ergeben und bei denen es möglich ist, dass jede unserer vier Familien unterschiedlich viele Kinder hat. Elf der 14 möglichen Kombinationen ergeben verschiedene Resultate, wenn man die Zahlen miteinander multipliziert. Die anderen drei ergeben alle dieselbe Zahl: 120.

Ich sagte dem Schlaukopf, dass er meiner Meinung nach bei der Bürgermeisterwahl 120 Stimmen bekommen würde. Deshalb musste er nach der Zahl der Kinder der Familie Black fragen.

Die drei Kombinationen, die 120 ergeben, wenn man die Zahlen multipliziert, sind: 8, 5, 3, 1; 6, 5, 4, 1 und 5, 4, 3, 2.

Als der Schlaukopf mich fragte, ob die Blacks mehr als ein Kind haben, antwortete ich „ja". Daraus konnte er schließen, wie viele Kinder jede Familie hat, nämlich: 5, 4, 3 und 2.

## 32. Ehemänner und Väter

Nachdem ihre jeweiligen Eltern sich hatten scheiden lassen oder die Mütter starben, heiratete Mary den Vater von Joan und Joan den Vater von Mary. Alternativ können ihre jeweiligen Eltern auch nie miteinander verheiratet gewesen sein.

## 33. Wie viele Kinder?

Vier Jungen und drei Mädchen.

## 34. Jungen und Mädchen

Die übliche Lösung lautet: Nein, der Plan des Sultans würde nicht aufgehen. Alle Erstgeborenen sind zur Hälfte Jungen und zur anderen Hälfte Mädchen. Nur die Mütter der Mädchen dürfen ein weiteres Kind bekommen, von denen wieder die Hälfte Jungen und die andere Hälfte Mädchen sind. Wieder scheidet die Hälfte der Mütter nun aus, sodass im Schnitt ein Viertel der Mütter ein drittes Kind bekommen dürfte. Wieder kommen gleich viele Jungen und Mädchen zur Welt. Egal, wie viele Runden man dies durchspielt, das Verhältnis von Jungen zu Mädchen verändert sich nicht. Es kommen genauso viele Jungen wie Mädchen zur Welt.

Diese Lösung ist nicht ganz genau. Tatsächlich kann das Gesetz des Sultans *indirekt* dazu führen, dass mehr Mädchen als Jungen zur Welt kommen oder umgekehrt. Das geschieht nach den Gesetzen des Zufalls und nicht nach dem Plan des Sultans.

Die Frage geht davon aus, dass das natürliche Verhältnis von Jungen zu Mädchen 50:50 ist. Aber ein Durchschnitt gilt immer nur für eine unendlich große Anzahl von Versuchen (hier Geburten). Bei einer begrenzten Anzahl entspricht das Ergebnis wahrscheinlich nicht dem Durchschnitt. Je kleiner die Anzahl der Versuche, desto wahrscheinlicher ist eine Abweichung. Daher ist es unwahrscheinlich, dass die Mütter im Land des Sultans bei ihren Erstgeburten genau gleich viele Mädchen wie Jungen zur Welt bringen. Wie ungleich das Geschlechterverhältnis ist, hängt von der Anzahl der werdenden Mütter ab. Werden in der ersten Runde mehr Mädchen als Jungen geboren, bewirkt das Gesetz des Sultans, dass die Chance sich verringert, das Ungleichgewicht auszugleichen. Bei allen folgenden Runden wird die Möglichkeit dazu immer geringer, denn die Zahl der Mütter wird immer kleiner. Das Gleiche gilt, wenn als Erstes mehr Jungen als Mädchen geboren werden.

## 35. Zwei Kinder

Weil von meinen zwei Kindern mindestens eines ein Junge ist, gibt es drei gleich wahrscheinliche Fälle: Junge – Junge, Junge – Mädchen oder Mädchen – Junge. In nur einem von drei Fällen sind beide Kinder Jungen, deshalb steht es 1:3.

Bei meiner Schwester ist es anders. Weil das ältere Kind ein Mädchen ist, gibt es nur zwei gleich wahrscheinliche Fälle: Mädchen – Mädchen oder Mädchen – Junge. Es steht also 1:2, dass beide Kinder Mädchen sind.

## 36. Eisenbahnschienen

Die Schienen dehnen sich bei Hitze aus. Die Lücken zwischen den Schienenstücken kompensieren diese Ausdehnung und verhindern, dass sich die Schienen verbiegen.

Wenn die Temperatur von x Fuß Schienen um t °C ansteigt, verlängern sich die Schienen um 0,000006 xt.

Seit 1950 verfährt man aber anders. Heute schweißt man Schienenabschnitte zu 1,5 Kilometern oder sogar mehr Länge zusammen. Die Stabilität wird erhöht, indem man die Schienen näher mit den Schwellen darunter verbindet. Die Schienen werden bei oder etwas über der regionalen Durchschnittstemperatur verlegt. So wirkt sich die Ausdehnung bei Hitze wesentlich geringer auf die Gleise aus.

## 37. Reis und Salz

Der Reis bindet Wasser stärker als Salz. Das Salz bleibt trocken und verklumpt nicht.

## 38. Kohle und Kalk

Die Kalklösung überzieht die Kohle mit einem weißen Film. Wenn Kohle nach dem Verladen und Besprühen gestohlen wird, sieht man gleich, dass etwas fehlt. Der Diebstahl ist leichter aufzuklären, denn er muss an einer der Bahnstationen geschehen sein.

## 39. Am Sandstrand

Bevor du auf den Sand trittst, sind die Sandkörner so dicht gepackt, wie es unter natürlichen Umständen möglich ist. Trittst du auf den Sand, wird diese Anordnung gestört. Der Sand ist nun weniger dicht, nimmt mehr Volumen ein, erhebt sich über den Wasserspiegel und wird trocken und hell. Das Wasser steigt durch die Kapillarwirkung langsamer auf. Deshalb dauert es mehrere Sekunden, bis der Sand wieder nass und dunkel wird.

## 40. Die Brücke

Die Lösung des Mädchens war einfach: „Lassen Sie ein wenig Luft aus den Reifen, bis der Laster so tief liegt, dass Sie unter der Brücke durchfahren können."

## 41. Eine Reifenpanne

Der Mann schraubt von jedem der drei Reifen am Auto eine Radmutter ab und befestigt damit das Reserverad. Nun ist jedes Rad nur mit drei Muttern befestigt statt mit vier, aber das reicht aus, um in die nächste Stadt zu fahren.

## 42. Die Biologieprüfung

Der Student sagte: „Nun, das glaube ich nicht." Dann steckte er seine Klausur mitten in den Stapel mit den anderen Klausuren und verließ den Raum. So die Geschichte.

Ich kann mir noch eine Fortsetzung vorstellen. Der Professor, Mitglied bei *Mensa International,* wollte sich nicht von einem schlauen Studenten übertölpeln lassen. Nachdem er die Klausuren korrigiert hatte, ließ er sie von seinen Studenten persönlich abholen.

## 43. Der Gully

Ein quadratischer Deckel könnte in den Gully fallen. Würde man ihn senkrecht halten, würde er leicht durch die Diagonale der Öffnung passen.

## 44. Nasses Dach

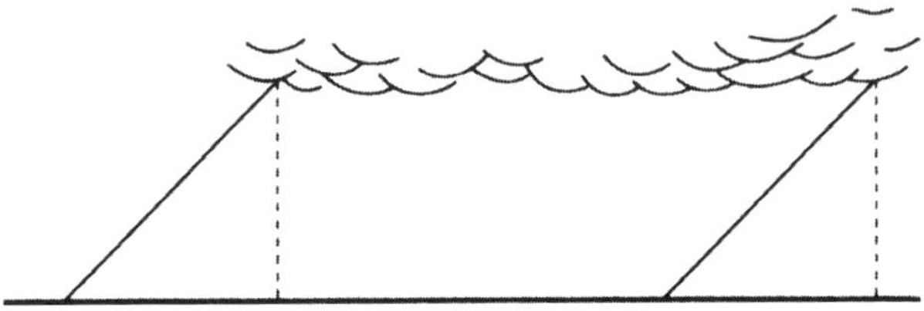

Die Abbildung oben zeigt, wie Regen aus einer 10 Kilometer langen Wolke in einem Winkel von 45° herabfällt. Es fällt genauso viel Wasser auf die Erde, wie wenn es senkrecht herabfallen würde, nur ist die Fläche nach links verschoben. Im Unterschied zum Dach ist die Bodenfläche zur Wolkenfläche parallel. Beim Dach ist das nicht so. Deshalb bewässert eine 10 Kilometer lange Wolkendecke eine 10 Kilometer lange Bodenfläche, während eine 30 Zentimeter lange Wolke 42 Zentimeter Dach beregnet.

## 45. Die Schwerkraft

In der Tiefe des Schachts ist die Schwerkraft geringer, denn ein Teil der Masse der Erde befindet sich über dir. Diese Masse zieht dich nach oben und hebt teilweise den Effekt der Masse unter deinen Füßen, die dich nach unten zieht, auf.

Mit dieser Frage soll gezeigt werden, dass die Schwerkraft nicht von einem Punkt im Zentrum der Erde ausgeht, wie viele glauben, sondern von den kombinierten Anziehungskräften aller Teile der Erdkugel. Unsere idealisierte Erde mit einheitlicher Dichte ist natürlich nicht realistisch. In der Praxis würde die Schwerkraft leicht zunehmen, weil man sich näher am dichten Nickel-Eisen-Kern befände. Würde man aber in den Kern hinabsteigen, würde der Effekt der Schwerkraft immer geringer. Im Zentrum der Erde wäre er Null.

## 46. Auf der Waage

Diese Schwankungen kommen daher, dass sich das Gravitationszentrum deines Blutes, nämlich dein Herz, das in seinem Rhythmus schlägt, auf und ab bewegt. Bei einem Menschen von rund 82 Kilogramm Gewicht macht das bei jedem Herzschlag eine Schwankung von etwa 28 Gramm aus.

## 47. Das Gewehr

Beide Kugeln treffen zur gleichen Zeit auf dem Erdboden auf. Die Geschwindigkeit in der Waagrechten beeinflusst die nach unten wirkende Beschleunigung nicht.

## 48. Gesprungenes Glas

Das dickwandige Glas zerspringt zuerst. Glas ist ein schlechter Wärmeleiter. Im dünnwandigen Weinglas gelangt die Wärme schnell von der Innen- zur Außenseite des Glases, das sich relativ einheitlich ausdehnt. Wenn du heißes Wasser in ein dickwandiges Glas gießt, dehnt sich die Innenseite schneller aus als die Außenseite. Es entstehen starke Spannungen und das Glas zerspringt.

## 49. Was rollt am schnellsten?

Die Kugel kommt zuerst unten an, denn bei ihr befindet sich weniger Masse außen. Deshalb ist das Trägheitsmoment bei der Rotation geringer. Der Ring rollt am langsamsten, weil seine Masse außerhalb des Rotationszentrums verteilt ist. Das Trägheitsmoment bei der Rotation ist größer. Aus den gleichen Gründen dreht sich eine Eistänzerin schneller, wenn sie ihre Arme eng an den Körper anlegt.

## 50. Uhrzeit im Gebirge

Eine mechanische Uhr geht im Gebirge schneller. Der Hauptgrund sind der niedrige atmosphärische Druck und die geringe Luftdichte in der Höhe. Die Unruh muss weniger Luft bewegen, deshalb schwingt sie etwas schneller.

Die Relativitätstheorie sagt außerdem minimale Effekte voraus. Sie betreffen elektronische Uhren ebenso wie mechanische. Einsteins Theorie besagt, dass die Zeit langsamer vergeht, wenn (a) sich die Schwerkraft erhöht und (b) die Geschwindigkeit zunimmt. Weil die Schwerkraft im Gebirge schwächer ist, geht die Uhr eine Winzigkeit schneller. Diesem Effekt wirkt die Tatsache entgegen, dass man im Gebirge weiter von der Rotationsachse der Erde entfernt ist und sich deshalb geringfügig schneller durch den Weltraum bewegt, was die Zeit wiederum verlangsamt.

## 51. Abschussrampen

Raumschiffe starten in Richtung der Erdrotation, also von West nach Ost. Um diesen „Schub“ optimal zu nutzen, sind die Abschussrampen möglichst nah am Äquator.

## 52. Polareis

Antarktika ist ein Kontinent, und Festland ist ein schlechter Wärmespeicher. Deshalb schmilzt das Eis in der Antarktis nicht so schnell. Die Arktis befindet sich über einem Ozean, der eine hohe Wärmekapazität hat. Er erwärmt sich an der Oberfläche, sodass das arktische Eis schneller abschmilzt.

## 53. Eisschnelllauf

Eislaufen ist anstrengender, wenn es sehr kalt ist. Viele glauben, dass Eis immer glatt ist, aber das stimmt nicht. Wenn du Schlittschuh läufst, schmilzt das Eis unter den Kufen für kurze Zeit, und es bildet sich ein dünner Gleitfilm aus Wasser. Bei großer Kälte schmilzt das Eis nicht so leicht. Es fühlt sich beim Schlittschuhlaufen klebrig an, und man kommt weniger schnell vorwärts.

## 54. Das schwebende Ei

Fülle das Glas zur Hälfte mit Wasser. Löse Salz darin auf, bis das Wasser so dicht ist, dass das Ei darauf schwimmt. Fülle dann das Glas vorsichtig mit klarem Wasser auf.

## 55. Zwei Eisenstangen

Lege das Ende einer Stange an die Mitte der anderen, sodass sie ein T bilden. Ist der Querstrich die magnetische Stange, übt sie keine Anziehungskraft auf die andere aus.

## 56. Der Vogelkäfig

Befindet sich der Vogel in einer luftdichten Kiste, ist das Gewicht der Kiste gleich, egal, ob der Vogel fliegt oder sitzt. Wenn der Vogel fliegt, trägt der Luftdruck, der auf seine Flügel wirkt, sein Gewicht. Dieser Druck wird auf den Boden der Kiste übertragen. Fliegt der Vogel in einem offenen Käfig, wird ein Teil des Luftdrucks auf den Käfigboden übertragen, ein anderer Teil aber wird in die Atmosphäre außerhalb des Käfigs abgegeben. Deshalb ist der Käfig leichter, wenn der Vogel fliegt.

## 57. Ausnahme von der Regel

Wasser dehnt sich zwischen einer Temperatur von 3,98 °C und 0 °C aus. Wenn es nicht so wäre, wäre Eis schwerer als Wasser, und das hätte katastrophale Folgen. Beispielsweise würden die Gewässer von unten her gefrieren, und es gäbe in den Seen und Meeren kein Leben, wie wir es kennen.

## 58. Der Wasserstand

Der Wasserstand steigt weder noch sinkt er: Er bleibt gleich. Ein Eiswürfel schwimmt, weil sich sein Volumen beim Gefrieren ausgedehnt hat. Sein Gewicht entspricht immer noch dem Gewicht des Wassers, aus dem er besteht. Ein schwimmender Körper verdrängt sein eigenes Gewicht. Wenn der Eiswürfel schmilzt, nimmt das Wasser dasselbe Volumen ein wie jenes, das er vorher verdrängt hat.

## 59. Das Boot in der Badewanne

Die Schrauben, Muttern und Unterlegscheiben im Boot verdrängen Wasser, und zwar so viel, bis das verdrängte Wasser genauso schwer ist wie die Gegenstände und die Luft im Boot zusammen. Wenn sie auf den Grund der Wanne sinken, verdrängen sie nur die Menge Wasser, die so schwer ist wie sie selbst. Deshalb sinkt der Wasserstand in der Wanne, wenn die Gegenstände ins Wasser fallen.

## 60. Die Raumstation

An keinem Punkt des ausgehöhlten Asteroiden würde Schwerkraft wirken, deshalb würde ein Objekt ständig an derselben Stelle schweben.

## 61. Der Vogel auf dem Mond

Der Vogel könnte auf dem Mond überhaupt nicht fliegen, denn dort gibt es keine Luft, die ihm Auftrieb verschaffen könnte.

## 62. Der Goldfisch

Die Waage zeigt eine Gewichtszunahme an, die dem Gewicht der Flüssigkeitsmenge entspricht, die von dem aufgehängten Goldfisch verdrängt wird.

## 63. Schallgeschwindigkeit

Die Schallgeschwindigkeit bleibt 1236 Kilometer pro Stunde. Der Schall wird nicht zusätzlich „angeschoben", wenn die Schallquelle sich nähert. Die Schallwellen werden gestaucht, sodass die Sirene höher klingt. Man nennt das den Doppler-Effekt.

## 64. Zwei Brücken

Die kleine Brücke ist doppelt so stabil. Stahlträger B hat die doppelten Dimensionen von Stahlträger A, ist also doppelt so dick, wiegt aber 8-mal so viel. Die große Brücke könnte so instabil sein, dass sie unter ihrem eigenen Gewicht zusammenbricht.

## 65. Zwei Segelboote

Wenn man ihr Gewicht vernachlässigt, sind große Segel genauso stabil wie kleine. Die Begründung des letzten Rätsels kann man hier nicht anwenden, denn wenn die Größe eines Segels zunimmt, nimmt die Kraft, mit der der Wind gegen das Segel drückt, im gleichen Verhältnis zu.

In der Praxis muss das Gewicht des Segels berücksichtigt werden. Weil der Wind in 20 Metern Höhe stärker ist als in 10 Metern, bestehen größere Segel aus stabilerem Tuch als kleine. Im Unterschied zur vorherigen Frage nimmt die Belastung (in Form des Winddrucks) des Segels nicht als die dritte Potenz der Längenabmessung zu, anders als die Belastung der Brücke (in Form ihres Gewichts).

## 66. Temperatur im Flugzeug

In der Druckkabine des Flugzeugs herrscht derselbe Luftdruck wie auf Meeresspiegelhöhe. In großer Höhe würde die Temperatur in der Kabine auf 55 °C oder höher ansteigen, wenn die Klimaanlage die Luft nicht abkühlen würde.

## 67. Ventilatorantrieb

So seltsam es klingt: Ein Ventilator würde das Boot nach hinten ziehen. Der Grund ist, dass das Segel nicht all den Wind auffängt, den der Ventilator erzeugt. Die Vorwärtsbewegung reicht nicht aus, um die Rückwärtsreaktion auszugleichen, deshalb würde das Boot rückwärtsfahren.

## 68. Flaggen

Die Flaggen zeigen einen Stern in der Mondsichel. Diese Stelle ist aber der verdunkelte Teil des Mondes. Alle Sterne in diesem Himmelsausschnitt sind vom Mond verdeckt.

## 69. Wo bist du?

Lass die Münze auf dem Boden kreiseln. Sie wird sich nicht drehen. Bei Erhaltung des Drehmoments versucht ein sich drehendes Objekt, seine Position im Raum beizubehalten. Weil die rotierende Raumstation ständig deine Position im All verändert, verändert eine kreiselnde Munze ständig ihre Orientierung, um das Drehmoment auszugleichen. Sie wird wackeln und umfallen.

## 70. Hängebrücke

Um die Erdkrümmung auszugleichen.

## 71. Tropfen und Blasen

Die Blasen würden sich aufeinander zubewegen. Wenn Wasser von einer Stelle des Weltraums entfernt wird (Blase A), ist das Gleichgewicht der Schwerkraft um sie herum gestört, und der Nettoeffekt auf ein Wassermolekül in der Nähe ist, dass es zur größeren Masse hin gezogen wird. Das bedeutet in diesem Fall nach außen, von der Blase weg. Gibt es zwei Luftblasen, verhält sich das Wasser dazwischen, als würde es von beiden abgestoßen, und die Blasen bewegen sich aufeinander zu.

## 72. Die geheimnisvolle Kugel

Weil eine Kugel mit etwa 6 Metern Durchmesser, die 136 Kilogramm wiegen würde, leichter wäre als das gleiche Volumen Luft (etwa 149 Kilogramm auf Meeresspiegelhöhe und bei 0 °C, bei einem Luftdruck von 1013,25 hPa), würde die Kugel in die Luft aufsteigen. Sie würde in einigen Tausend Metern Höhe bleiben und dort jahrelang im Wind treiben.

## 73. Die schlagende Uhr

Vier Sekunden – die Zeitspanne zwischen dem ersten und dem zweiten Schlag beträgt 2 Sekunden, und 2 Sekunden später schlägt sie ein drittes Mal. Lass dich nicht vom Nachklang verwirren – es geht nur um den Schlag selbst.

## 74. Rot oder Grün

Die meisten glauben, sie müssten auch Karte Nr. 4 umdrehen. Aber: Nr. 2 spielt keine Rolle, denn es geht nur um rote Karten. Wenn auf Karte Nr. 1 ein Kreis abgebildet ist, lautet die Antwort nein. Auch wenn Karte Nr. 3 rot ist, lautet die Antwort nein. Wenn auf Karte Nr. 1 ein Quadrat abgebildet ist, Karte Nr. 3 grün ist und Karte Nr. 4 rot oder grün ist, ist die Antwort ja. Deshalb lautet das Ergebnis: Nr. 1 und Nr. 3.

## 75. Der Fluss

5⅓ Minuten (5 Minuten und 20 Sekunden).

Die Geschwindigkeit beträgt flussabwärts ½ Kilometer pro Minute, flussaufwärts ¼ Kilometer pro Minute. Die Strömung macht folglich ⅛ Kilometer Unterschied pro Minute aus. Die Geschwindigkeit des Boots liegt somit bei ⅜ Kilometer pro Minute, was 5⅓ Minuten für 2 Kilometer in einem stehenden Gewässer ergibt.

## 76. Überlistet

Der Bauernsohn nahm den Stein aus dem Hut und ließ ihn scheinbar unabsichtlich fallen, bevor jemand ihn genau sehen konnte. Zwischen den vielen Steinen am Boden konnte man ihn nicht mehr erkennen. Dann sagte er, die Farbe des heruntergefallenen Steins ließe sich leicht feststellen, indem sie nachschauen, welche Farbe der Stein hat, der noch im Hut ist.

## 77. Das Paradoxon von Zenon

Achilleus würde die Schildkröte bei 1111 $^1/_9$ Metern einholen. Wenn die Rennstrecke kürzer wäre, würde die Schildkröte gewinnen. Wenn sie genau 1111 $^1/_9$ Meter lang wäre, ginge das Rennen unentschieden aus. Wäre sie länger, würde Achilleus die Schildkröte nach dieser Strecke überholen.

## 78. Der Junge und das Mädchen

Der Junge hat rote und das Mädchen hat schwarze Haare. Es gibt vier mögliche Kombinationen: wahr – wahr, wahr – falsch, falsch – wahr und falsch – falsch. Die erste Kombination fällt weg, denn wir wissen, dass mindestens eine Behauptung falsch ist. Auch die zweite und dritte Kombination treffen nicht zu, denn wenn in diesen Fällen ein Kind gelogen hätte, könnte das andere nicht die Wahrheit gesagt haben. Deshalb trifft die vierte Kombination zu: Beide Kinder haben gelogen.

## 79. Unendlichkeit und Grenzen

Die zunehmenden Radien nähern sich tatsächlich einer Grenze an, die etwa beim 12-Fachen des innersten Kreisradius liegt.

## 80. Hüte im Wind

Die Wahrscheinlichkeit ist gleich Null. Wenn neun Menschen ihren eigenen Hut bekommen haben, muss das für den zehnten ebenfalls zutreffen.

## 81. Hände schütteln

Es ist eine gerade Zahl. Wenn du jeden auf der Erde fragen würdest, wie viele Hände er geschüttelt hat, wäre die Anzahl der Menschen gerade, weil jedes Händeschütteln zweimal gezählt würde: je einmal für jeden der beiden, die sich die Hände geschüttelt haben. Eine Gruppe von Zahlen, deren Summe eine gerade Zahl ist, kann nicht eine ungerade Anzahl ungerader Zahlen beinhalten.

## 82. Ein Hölzchen umlegen

Lege das senkrechte Streichholz vom + auf die andere Seite der Gleichung, sodass diese so aussieht:

VI–II = IV

Es gibt eine zweite Lösung:

VII–II = V

## 83. Die Kirchturmuhr

Vier. Auf die vier Schläge, die die volle Stunde anzeigen, folgen immer stets noch die Schläge für die aktuelle Uhrzeit. Und um vier Uhr schlägt sie achtmal.

## 84. Ein Ring um den Kreis

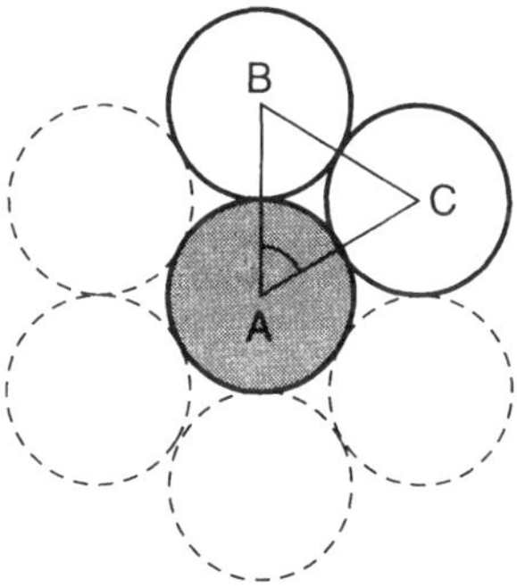


Genau sechs Kreise ergeben einen Ring. Zeichne zum Beweis das Dreieck ABC in den mittleren und zwei äußere Kreise. Das Dreieck hat drei gleich lange Seiten, denn jede Seite entspricht dem Radius von zwei Kreisen. Bei gleichseitigen Dreiecken misst jeder Winkel 60 °. Deshalb gilt: Winkel A ist 60 ° und somit ⅙ eines Kreises mit 360 °.

## 85. Eine einzigartige Zahl

Es ist die einzige Zahl, in der die Zahlwörter der Ziffern alphabetisch angeordnet sind.

## 86. Der Chef und sein Chauffeur

50 Minuten. Er sparte dem Chauffeur 10 Minuten Fahrzeit und stieg deshalb um 16.50 Uhr ins Auto und nicht wie üblicherweise um 17 Uhr.

## 87. Wetterbericht

Die fünf Temperaturen waren: 1, -1,2, -2 und 3.

## 88. Die Präsidenten

Wenn der fünfte Präsident nicht unter den Präsidenten gewesen wäre, die an diesem Datum starben, hätte in der Zeitung höchstwahrscheinlich gestanden, dass drei der ersten vier Präsidenten am 4. Juli gestorben sind, denn das wäre noch beeindruckender gewesen. Deshalb war Professor Flügel sich sicher, dass der fünfte Präsident, James Monroe, an diesem Datum gestorben war.

## 89. Jim und George

Sie stehen Rücken an Rücken.

## 90. Äpfel in zwei Größen

Dies ist eine häufige Falle bei Mathematikprüfungen. Der korrekte Preis für die Äpfel wäre $33\frac{1}{3}$ Cent für einen großen und 20 Cent für einen kleinen Apfel gewesen und der Durchschnittspreis:

$$(33\tfrac{1}{3} + 20) : 2 = 26\tfrac{2}{3} \text{ Cent}$$

und nicht 25 Cent, die der Junge verlangte. Hätte er die 60 Äpfel für $26\frac{2}{3}$ das Stück verkauft, hätte er Folgendes erhalten:

$$60 \times 26\tfrac{2}{3} \text{ Cent} = 16 \text{ Euro.}$$

Der Sohn hatte zu wenig für die Äpfel verlangt und den Kunden 1 Euro geschenkt.

## 91. Die Sequenz

Die Lösung lautet

M D M D F S S.

Es sind die Anfangsbuchstaben der Wochentage: Montag, Dienstag, Mittwoch, Donnerstag, Freitag, Samstag, Sonntag.

## 92. Das halb volle Bierfass

Die beiden brauchten das Fass nur zu kippen, bis das Bier direkt unter dem Rand stand. Bei einem genau halb vollen Fass bedeckt das Bier den unteren Boden gerade noch. Das Fass ist zur Hälfte mit Bier, zur anderen Hälfte mit Luft gefüllt. Wenn das Bier den Boden reichlich bedeckt, ist das Fass mehr als halb voll. Ist umgekehrt der Boden nicht ganz bedeckt, ist das Fass weniger als halb voll.

## 93. Der Schütze

Bei dem Schützen, der 5 Schüsse in 5 Sekunden abgefeuert hat, liegen 1¼ Sekunden zwischen den Schüssen, denn es sind 4 Intervalle zwischen dem ersten und dem letzten Schuss. Der andere Schütze braucht 10 Sekunden für 9 Intervalle oder 1⅑ Sekunden zwischen den Schüssen. Deshalb benötigt der zweite Schütze weniger Zeit für 12 Schüsse: 12²⁄₉ Sekunden im Vergleich zu 13¾ Sekunden beim anderen.

## 94. Der quadratische Tisch

Nehmen wir die Sicht irgendeiner der Frauen ein. Weil sie eine Frau ist, haben ihre Nachbarinnen die Hände gehoben, egal, ob die unsichtbare Person Mann oder Frau ist. Sie begreift: Säße ihr gegenüber ein Mann, hätte er sofort gewusst, dass ihm gegenüber eine Frau sitzt, denn seine Nachbarinnen hätten deshalb die Hände gehoben. Die Person hat das aber nicht verkündet und muss eine Frau sein.

## 95. Die Murmeln

Aus der ersten Tasche können nur zwei Murmeln genommen werden. Der Inhalt der beiden Taschen ist dann wie folgt:

| | Erste Tasche | | | Zweite Tasche | | |
|---|---|---|---|---|---|---|
| | *Farbe A* | *Farbe B* | *Farbe C* | *Farbe A* | *Farbe B* | *Farbe C* |
| *1. Möglichkeit* | 3 | 3 | 1 | 3* | 3* | 5 |
| *2. Möglichkeit* | 3 | 2 | 2 | 3 | 4 | 4 |

Damit sicher mindestens zwei Murmeln von jeder Farbe in der ersten Tasche sind, müssen mindestens sieben Murmeln zurückgelegt werden: Die ersten sechs könnten die jeweils drei Murmeln der Farben A und B sein, die bei der 1. Möglichkeit mit Sternchen markiert sind. Deshalb sind noch vier Murmeln in der zweiten Tasche.

## 96. Durchschlagpapier

Er muss in der Ecke oben rechts anfangen.

## 97. Im Gleichschritt

Ihre gleichzeitigen Schritte erfolgen bei beiden stets nur mit dem linken Bein.

## 98. Knappe Rasierklingen

Der erste Gedanke ist meistens, dass der erste Käufer 3 Euro und der zweite 5 Euro bekam. Aber das stimmt nicht.

Die 8 Euro waren der Preis für $\frac{8}{3}$ Packungen. Daraus folgt, dass 8 volle Packungen 24 Euro kosteten. Eine Packung war also 3 Euro wert. Weil jeder von uns schließlich $\frac{8}{3}$ Packungen hatte, gab mir der erste Käufer, der anfangs 3 Packungen gekauft hatte, $\frac{1}{3}$ einer Packung. Die anderen $\frac{7}{3}$ gab mir der zweite Käufer. Deshalb bekam der erste 1 Euro und der zweite 7 Euro.

## 99. Ungewöhnliche Gleichungen

(a) $5\underline{4}5 + 5 = 550$

(b) $99 + \frac{9}{9} = 100$

(c) $\frac{7}{,7} \times \frac{7}{,7} = 100$

(Die letzte Lösung ist nicht ganz exakt, den streng genommen sollte man die Null einfügen, also: 0,7. Dasselbe Prinzip kann man auf alle Zahlen anwenden; n/0,n × n/0,n ergibt immer 100!)

(d) $\frac{9 + 9}{,9} = 20$

(Auch hier sollte der Nenner streng genommen 0,9 lauten.)

## 100. D’Alembertsches Paradoxon

Nein, seine Argumentation ist nicht richtig. D’Alembert machte den Fehler, mit seiner Analyse zu früh aufzuhören. Die drei Fälle sind nicht gleich wahrscheinlich. Man muss die Münze im dritten Fall nochmal werfen, auch wenn der erste Wurf „Kopf“ zeigt. Dann ergeben sich auch für den dritten Fall zwei Möglichkeiten, sodass zum dritten noch ein vierter Fall hinzukommt. Diese vier sind wie folgt:

(a) „Zahl“ erscheint beim ersten und beim zweiten Wurf.
(b) „Zahl“ erscheint beim ersten und „Kopf“ beim zweiten Wurf.
(c) „Kopf“ erscheint beim ersten und beim zweiten Wurf.
(d) „Kopf“ erscheint beim ersten und „Zahl“ beim zweiten Wurf.

Weil nun gezeigt wurde, dass es vier Fälle gibt und drei davon positiv sind, liegt die Wahrscheinlichkeit, mindestens einmal Kopf zu werfen, tatsächlich bei 3 : 4.

## 101. Kannen

Um dieses Rätsel zu lösen, musst du zunächst die beiden Möglichkeiten betrachten, wie du mit dem Umfüllen beginnen kannst: Du kannst Wasser entweder in Kanne B gießen, bis sie voll ist, oder in Kanne C, bis diese voll ist. Bei deiner Umfüllaktion musst du vermeiden, dass sowohl B als auch C voll sind, denn sonst gäbe es nur die Möglichkeit, den Inhalt von B und C wieder in A zu gießen – und wieder von vorn zu beginnen. Die beiden Anfangsmöglichkeiten sind:

| Kanne | A | B | C | A | B | C |
|---|---|---|---|---|---|---|
| Anfangsmenge (Liter) | 8 | 0 | 0 | 8 | 0 | 0 |
| Aktion 1 | 3 | 5 | 0 | 5 | 0 | 3 |
| Aktion 2 | 3 | 2 | 3 | 5 | 3 | 0 |
| Aktion 3 | 6 | 2 | 0 | 2 | 3 | 3 |
| Aktion 4 | 6 | 0 | 2 | 2 | 5 | 1 |
| Aktion 5 | 1 | 5 | 2 | 7 | 0 | 1 |
| Aktion 6 | 1 | 4 | 3 | 7 | 1 | 0 |
| Aktion 7 | 4 | 4 | 0 | 4 | 1 | 3 |
| Aktion 8 | | | | 4 | 4 | 0 |

Hieraus wird ersichtlich, dass man mit mindestens 7-mal Umfüllen zur Lösung kommt, wenn man im ersten Schritt Kanne B füllt.

## 102. Eins, zwei, drei

Jede Zahlenreihe beschreibt die Reihe darüber, d. h. 1, dann 1 (eine) 1, dann 2 (zwei) 1er, dann eine 2, eine 1 etc. Die nächste Reihe lautet 3 1 1 3 1 2 1 1 1 3 1 2 2 1.

## 103. Eine Flasche Wein

Jeder, der „1 Euro“ geantwortet hat, hebe die Hand! Das ist falsch, denn die komplette Flasche würde dann 11 Euro kosten. Die richtige Antwort ist 50 Cent.

## 104. Roll-a-Penny

Um zu gewinnen, muss der Mittelpunkt der Münze in das dunkle Feld (siehe unten) fallen. Liegt ihr Mittelpunkt außerhalb des dunklen Feldes, berührt die Münze eine Linie, und man hat verloren.

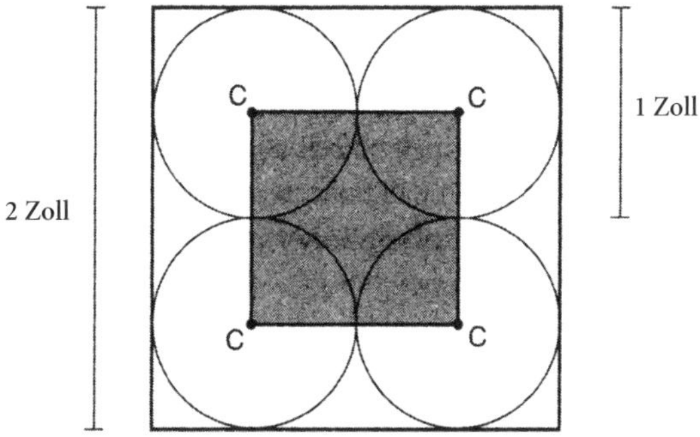


Das Gewinnerfeld ist 1 Quadratzoll groß, das Verliererfeld 3 Quadratzoll. Deshalb sollten die Chancen 3:1 stehen, und es sollte der dreifache Wetteinsatz plus der Wetteinsatz ausgezahlt werden (bei einem Einsatz von 20 Pence sollten also 80 Pence ausgezahlt werden). Tatsächlich werden nur $\frac{80}{16}$ ausgezahlt, also 50 Pence. Die Bank hat also um 8:5 höhere Gewinnchancen als der Spieler.

## 105. Das fehlende Pfund

Die Art der Fragestellung war eine Art mathematischer Taschenspielertrick. Es scheint so, als habe jeder Mann 9 Pfund ausgegeben und alle drei zusammen 2 Pfund Trinkgeld, aber tatsächlich war in den 27 Pfund das Trinkgeld schon enthalten.

So ist es also richtig:

| | |
|---|---|
| Das Essen kostete | 25 Pfund |
| Trinkgeld | 2 Pfund |
| Wechselgeld | 3 Pfund |
| Summe | 30 Pfund. |

## 106. Goldene Karte

Ganz sicher nicht! Es steht 2:1, dass der Spieler gewinnt. Anders gesagt: Er gewinnt 2 von 3 Spielen.

Wir haben hier nicht mit Karten, sondern mit Seiten zu tun. Es sind am Anfang 6 Seiten, von denen sind jeweils 3:

| GOLD | SILBER |
|---|---|
| 1 | |
| 1 | |
| | 1 |
| | 1 |
| 1 | 1 |
| 3 | 3 |

Die Karte auf dem Tisch kann nicht die Silber/Silber-Karte sein, deshalb fällt diese Kartenvariante weg. Es bleiben:

| GOLD | SILBER |
|---|---|
| 1 | |
| 1 | |
| 1 | 1 |
| 3 | 1 |

Wir sehen eine goldene Seite, deshalb bleibt übrig:

| GOLD | SILBER |
|---|---|
| 1 | |
| 1 | 1 |
| 2 | 1 |

Die Rückseite kann GOLD, GOLD oder SILBER sein. Die Wahrscheinlichkeit für Gold liegt bei 2:1.

## 107. Das Flugzeug

Weil der Wind das Flugzeug von A nach B anschiebt und von B nach A bremst, könnte man vermuten, dass sich diese beiden Kräfte ausgleichen, sodass die gesamte Flugzeit für beide Flüge gleich bleibt. Das ist aber nicht der Fall, weil die Zeitspanne, in der das Flugzeug mit dem Wind fliegt, kürzer ist als die, in der das Flugzeug abgebremst wird. Insgesamt kommt es deshalb zu einer Verzögerung. Die gesamte Flugzeit bei einem Wind von konstanter Geschwindigkeit und Richtung ist, unabhängig von der Geschwindigkeit und Richtung, immer länger, als wenn es keinen Wind gibt.

## 108. Auf Skiern um die Erde

Nehmen wir an, dass drei Boote nötig sind, sodass zwei Boote ihr Benzin im richtigen Moment ins dritte Boot umfüllen können. Nennen wir sie A, B und C. Alle drei Boote starten gleichzeitig mit vollen Tanks in Long Beach. Wenn sie ein Achtel der Strecke zurückgelegt haben, haben sie ein Viertel ihres Benzins verbraucht. C teilt sein Benzin dann in drei gleiche Teile auf. Wenn drei Viertel seines Benzins übrig sind, füllt er ein Viertel in A um, ein Viertel in B und verwendet das verbleibende Viertel zur Rückkehr in den Heimathafen. (Beachte, dass dann alles Benzin im Tank aufgebraucht ist.)

A und B haben jetzt wieder volle Tanks. Sie fahren weiter, bis sie ein Viertel des Weges zurückgelegt haben. Beide haben dann drei Viertel des Benzins übrig. B füllt ein Viertel in A um, weil es die verbleibende Hälfte braucht, um zum Heimathafen zurückzukehren. Ein voller Tank reicht, wie wir wissen, für die halbe Strecke aus. Weil A ein Viertel des Weges schon zurückgelegt hat und wieder einen vollen Tank hat, kann es drei Viertel des Weges zurücklegen. Hier trifft es C, das in der Zwischenzeit wieder aufgetankt hat und von Long Beach in die andere Richtung gefahren ist und ausnutzt, dass die Erde rund ist. Es halbiert das verbliebene Benzin, sodass beide Boote sieben Achtel der Strecke zurücklegen, wo sie auf B treffen. Bis zu diesem Punkt hat B ein Viertel seines Benzins verbraucht. Es braucht ein anderes Viertel für die Rückreise und teilt das verbleibende Benzin zwischen A und C auf. Nun können A, B und C nach Long Beach zurückkehren. A hat die Erde erfolgreich umrundet.

## 109. Vier Insekten

10 Zentimeter. Weil die Wege immer im rechten Winkel zueinander verlaufen, bleibt die ursprüngliche Entfernung unverändert.

## 110. Geburtstage

Bei 24 Menschen auf der Party würdest du auf lange Sicht von 50 Wetten 23 verlieren und 27 gewinnen.

## 111. Wechselgeld

Offensichtlich bezahlten die Volkswirtschaften von Ostland und Westland den Rasierer und die Klingen. Würde Malcolm diese Transaktion oft genug wiederholen, käme er in den Besitz der gesamten Vorräte an Rasierern und Klingen beider Länder, plus einen Ostland- oder Westland-Dollar. In beiden Ländern gäbe es keine Rasierer und Klingen mehr, aber die Währungen wären wieder in ihrem Ursprungsland.

## 112. Reispapier

Der Stapel würde aus $2^{50}$ Bögen Reispapier bestehen und wäre ungefähr 11,3 Millionen Kilometer hoch.

## 113. Zwei Scheiben

Meistens wird folgendermaßen argumentiert: Weil beide Scheiben den gleichen Umfang haben und der Umfang von A sich einmal entlang dem Umfang von B bewegt, muss Scheibe A eine Umdrehung um ihr eigenes Zentrum machen. Aber wenn man das beispielsweise mit zwei Münzen ausprobiert, merkt man, dass A zwei Umdrehungen zurücklegt. Das lässt sich wie folgt erklären:

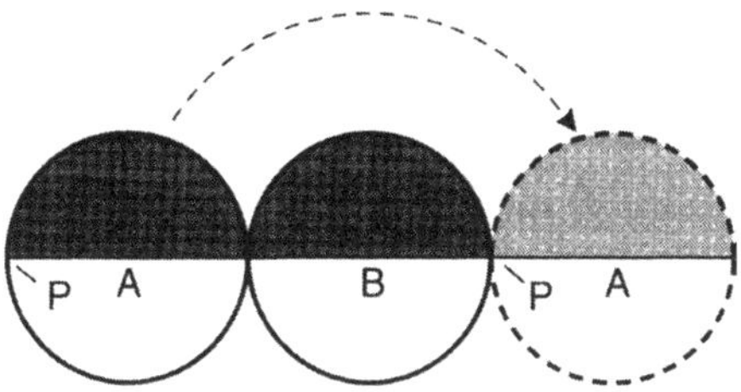


Nehmen wir P als den äußersten linken Punkt von Scheibe A, wenn A in ihrer Ausgangsposition ist. Denkt man einen Moment nach, wird Folgendes klar: Wenn Scheibe A Scheibe B halb umrundet hat, hat der Kreisbogen des dunkel gefärbten Teils von A sich an dem dunklen Teil von B entlangbewegt, und P ist wieder der äußerste linke Punkt von A. Deshalb muss A eine ganze Umdrehung um ihr Zentrum gemacht haben. Das Gleiche gilt auch für die Kreisbögen der nicht gefärbten Teile von A und B, wenn A um die zweite Hälfte von B gerollt ist.

## 114. Ein Balken auf Rollen

Angenommen, wir unterteilen die Bewegung in zwei Abschnitte. Stell dir vor, dass die Rollen in die Luft gehoben und im Zentrum befestigt werden. Wenn die Zentren an Ort und Stelle bleiben, bewegt eine Umdrehung der Rollen den Balken 1 Meter nach vorn. Nun stell dir die Rollen am Boden und ohne den Balken vor. Eine Umdrehung befördert die Zentren der Rollen 1 Meter nach vorn. Wenn wir diese beiden Bewegungen nun kombinieren, wird klar, dass der Balken bei einer Umdrehung 2 Meter nach vorn bewegt wird.

## 115. Der zerbrochene Stock

Die Wahrscheinlichkeit ist 1:4.

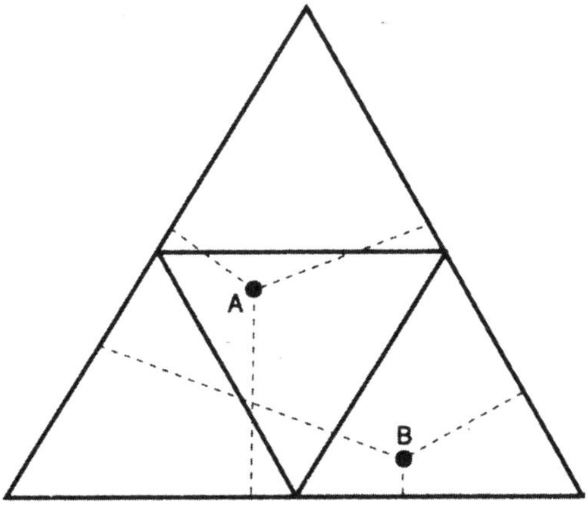


Wenn wir einen beliebigen Punkt im großen Dreieck nehmen, so muss er innerhalb des kleinen Dreiecks liegen, damit man ein Dreieck bilden kann. Liegt er außerhalb, wie Punkt B, ist eine Seite länger als die Summe der anderen beiden Seiten, und es ist nicht möglich, ein Dreieck zu bilden.

## 116. Die langsamen Pferde

„Tauscht die Pferde."

## 117. Sanduhren

Drehe beide Sanduhren um. Wenn die 4-Minuten-Uhr abgelaufen ist, drehe sie um (4 Minuten sind vorbei). Wenn die 7-Minuten-Uhr abgelaufen ist, drehe sie um (nun sind 7 Minuten vorbei). Wenn die 4-Minuten-Uhr abgelaufen ist (8 Minuten sind vergangen), läuft die 7-Minuten-Uhr eine Minute lang. Drehe sie wieder um. Wenn der Sand durchgelaufen ist, sind 9 Minuten vergangen.

## 118. Zahlen sortieren

Die Zahl 15 gehört in Gruppe 3, die Zahl 16 gehört in Gruppe 3 und die Zahl 17 gehört in Gruppe 2. Gruppe 1 enthält Zahlen, die nur aus kurvigen Linien bestehen, Gruppe 2 enthält Zahlen, die nur aus geraden Linien bestehen, und Gruppe 3 enthält Zahlen, die sowohl aus kurvigen als auch aus geraden Linien bestehen.

## 119. Kategorien

Die Kategorien sind wie folgt:

| | |
|---|---|
| A M T U V W Y | (symmetrisch zur senkrechten Achse) |
| B C D E K | (symmetrisch zur waagrechten Achse) |
| FGJLNPQRSZ | (keine Symmetrie) |
| H I O X | (symmetrisch zu beiden Achsen) |

## 120. Welche Gewichte?

1 Kilogramm, 3 Kilogramm, 9 Kilogramm.

Die Lösung liegt darin, dass der Junge die Gewichte in jeder möglichen Kombination in beide Waagschalen stellen kann. Die Differenz der beiden Gewichte entspricht der Obstmenge, die er verkauft. Welche Gewichte er benötigt, ergibt sich aus einer Addition oder Subtraktion.

$$
\begin{aligned}
1-0 &= 1\\
3-1 &= 2\\
3-0 &= 3\\
(3+1)-0 &= 4\\
9-(3+1) &= 5\\
9-3 &= 6\\
(9+1)-3 &= 7\\
9-1 &= 8\\
9-0 &= 9\\
(9+1)-0 &= 10\\
(9+3)-1 &= 11\\
(9+3)-0 &= 12\\
(9+3+1)-0 &= 13
\end{aligned}
$$

## 121. Seiltrick

Die Hälfte der Seillänge (75 Meter) plus der Abstand vom Boden (25 Meter) entsprechen der Höhe der Fahnenmasten. Somit stehen die Masten direkt nebeneinander.

## 122. Den Bus erwischen

Juliette kann zu einer Stelle laufen, die entweder 16⅔ oder 30 Meter näher an Montreux liegt. Lucille verpasst den Bus überall.

Zeichne eine gerade Straße und kennzeichne die Position des Busses mit B, den Punkt, an dem die Schwestern die Straße verlassen haben, mit P, die Narzissen, bei denen sich Juliette befindet, mit J, und den korrekten Punkt, an dem Juliette den Bus bekommt, mit M.

Nennen wir die Entfernung PM $x$ Meter.

Juliette läuft MJ Meter weit, während der Bus BM Meter zurücklegt.

$2\,\mathrm{MJ} = 1\,\mathrm{BM}$

Aber. $\mathrm{MJ} = \sqrt{40^2 + x^2}$ (Pythagoras)

und $\mathrm{BM} = 70 + x$

$$2\sqrt{40^2 + x^2} = 70 + x$$

$$6400 + 4x^2 = 4900 + 140x + x^2$$

nach dem Quadrieren jeder Seite.

$$3x^2 - 140x + 1500 = 0$$

Gekürzt ergibt das: $(3x - 50) \times (x - 30) = 0$

Wenn das Produkt 0 sein soll, muss ein Faktor 0 sein.

Fall (1) $3x^2 - 50 = 0$ oder $x = 16\frac{2}{3}$

Fall (2) $(3x - 50) \times (x - 30) = 0$

Juliette hätte also zu einem Punkt in Richtung Montreux laufen müssen, der entweder 16⅔ oder 30 Meter von dem Punkt entfernt ist, an dem die beiden die Straße verlassen haben. Dann hätte sie den Bus erwischt.

Lucille war 41 Meter von der Straße entfernt, daher:

$$2\sqrt{41^2 + x^2} = 70 + x$$

Daraus wird:

$$4(41^2 + x^2) = 4900 + 140x + x^2$$

Gekürzt ergibt das:

$$3x^2 - 140x + 1824 = 0$$

Diese Gleichung ergibt keine echten Wurzeln, deshalb verpasst Lucille den Bus.

## 123. Busfahrplan

Die Busse fahren in beide Richtungen in gleichen Abständen. Der Mann begegnet 30 Bussen pro Stunde. Weil er sich auf einen „Strom" Busse zu- und vom anderen wegbewegt, sieht er mehr Busse in die eine Richtung fahren als in die andere (20 gegenüber 10). Würde er stehen, würde er pro Stunde 15 Busse in jede Richtung fahren sehen. Die Busse verlassen den Busbahnhof daher in 4-Minuten-Intervallen.

## 124. Wie viele Sprünge?

Du wirst niemals aus dem Kreis springen. Du springst beim ersten Sprung 1 Meter weit, das ist die Hälfte bis zum Rand, dann 50 Zentimeter weit. Du hast also nach zwei Sprüngen drei Viertel der Strecke zurückgelegt. Du bist motiviert, denn sicher schaffst du das letzte Viertel mit Leichtigkeit! Schreiben wir die Sprünge auf (in Zentimetern):

100 cm, 50 cm, 25 cm, 12,5 cm, 6,25 cm, 3,125 cm, 1,625 cm und so weiter.

Wenn du die Sprünge addierst, siehst du, dass du fast am Rand angelangt bist – du kannst tatsächlich 198,5 Zentimeter der gesamten Entfernung von 200 Zentimetern beziehungsweise 2 Metern zurücklegen. Aber das ist eine unendliche Reihe, deren Summe weniger als 200 Zentimeter beträgt. Du bist im Kreis gefangen!

## 125. Koffeinarmer Kaffee

33⅓ Tassen. Weil 3 Prozent Koffein im Kaffee enthalten sind, enthalten 100 Tassen so viel wie 3 Tassen normaler Kaffee. 100 geteilt durch 3 ergibt 33⅓.

## 126. Schnelligkeitstest

Nehmen wir $n$ für 1234567891. Dann kann der Nenner wie folgt geschrieben werden:

$$n^2 - [(n - 1) \times (n+1)] \text{ oder } n^2 - n^2 + 1 = 1$$

Deshalb lautet die Lösung 1234567890.

## 127. Der Heimweg

Ja, er hat Zeit gespart. Er brauchte genau so lange für die zweite Hälfte der Strecke, wie er für die ganze Strecke zu Fuß gebraucht hätte. Egal, wie schnell der Zug war, er verlor genau die Zeit, die er im Zug verbracht hatte. Wäre er die gesamte Strecke gelaufen, hätte er $\frac{1}{30}$ der Zeit gespart.

## 128. Der Uhrmacher

Wir haben bereits erfahren, dass der Lehrling die Zeiger der Uhr verwechselt hatte. Der Minutenzeiger ist deshalb kurz und der Stundenzeiger lang.

Als der Lehrling zum ersten Mal zum Kunden zurückkommt, sind etwa 2 Stunden und 10 Minuten vergangen, seit er die Uhr auf 18 Uhr gestellt hatte. Der lange Zeiger hatte sich nur von 12 auf etwas nach 2 bewegt. Der zweite Zeiger hatte zwei volle Umdrehungen und zusätzliche 10 Minuten zurückgelegt. Deshalb zeigte die Uhr die richtige Zeit an.

Am nächsten Tag um etwa 7.05 Uhr kehrte er zum zweiten Mal zum Kunden zurück, 13 Stunden und 5 Minuten, nachdem er die Uhr auf 18 Uhr gestellt hatte. Der lange Zeiger, der als Stundenzeiger funktionierte, hatte 13 Stunden zurückgelegt und stand auf 1. Der kurze Zeiger hatte 13 volle Umdrehungen und 5 Minuten zurückgelegt und stand auf 7 Uhr. Deshalb zeigte die Uhr wieder die richtige Zeit an.

## 129. Die Bleiplatte

Sie gossen das Schrot in den Krug und füllten ihn mit Wasser auf, sodass die Hohlräume zwischen den Schrotkugeln ausgefüllt waren. Nun entsprachen das Wasservolumen und das Volumen des Schrots zusammen dem Volumen des Krugs. Dann holten sie das Schrot aus der Kanne und maßen das Wasservolumen ab, das noch im Krug war. Dieses zogen sie vom Volumen des Krugs ab.

## 130. Der Messschieber

Er platzierte ein Objekt (wie flaches Stück Holz) auf ein Ende des Zylinders. Daran legte er einen Arm des Messschiebers an, mit dem anderen griff er in die gegenüberliegende Einbuchtung. Nun konnte er den Messschieber entfernen, ohne ihn zu öffnen. Durch Subtraktion der Dicke des Holzes von der Spreizung des Messschiebers erhielt er die Länge des Zylinders abzüglich einer Einbuchtung. Diese Zahl zog er von der Gesamtlänge des Zylinders ab und erhielt die Tiefe einer Einbuchtung. Durch Verdopplung dieser Zahl erhielt er die Tiefe beider Einbuchtungen, die er von der Gesamtlänge des Zylinders abziehen konnte.

## 131. Treibstofftanks

Weil Pete Brown doppelt so viel Diesel abholt wie Joe Smith, muss die Dieselmenge durch 3 teilbar sein. Wir wissen, dass wir Zahlen nur durch 3 teilen können, wenn ihre Quersumme ebenfalls durch 3 teilbar ist. Die Summen der Ziffern auf den Speichertanks sind 2, 7, 6, 1, 9, 4. Die Summe all dieser Ziffern ist 29 (wenn man diese Zahl durch 3 teilt, bleibt derselbe Rest, wie wenn man 11 oder 2 durch 3 teilt).

Wenn man das Fassungsvermögen des Tanks mit der Benzin-Alkohol-Mischung von der Summe der Fassungsvermögen der anderen Tanks abzieht, muss eine Zahl übrig bleiben, die durch 3 teilbar ist. Sehen wir uns das Fassungsvermögen der Tanks an, hat nur der 20-Liter-Tank die richtige Größe (die Quersumme ist 2). 29 – 2 =27, was durch 3 teilbar ist. Daher ist die Benzin-Alkohol-Mischung im 20-Liter-Tank.

So bleiben 99 Liter Diesel übrig, 33 für Smith und 66 für Brown. Smith bekam den Treibstoff aus dem 15- und dem 18-Liter-Tank und Brown den Treibstoff aus dem 16-, 19- und 31-Liter-Tank.

## 132. Der Durchmesser des Drahts

Wickle den Draht mehrmals dicht um einen Zylinder, wie hier abgebildet. 20-mal der Durchmesser ergibt 2 Zentimeter, deshalb beträgt der Durchmesser 0,1 Zentimeter.

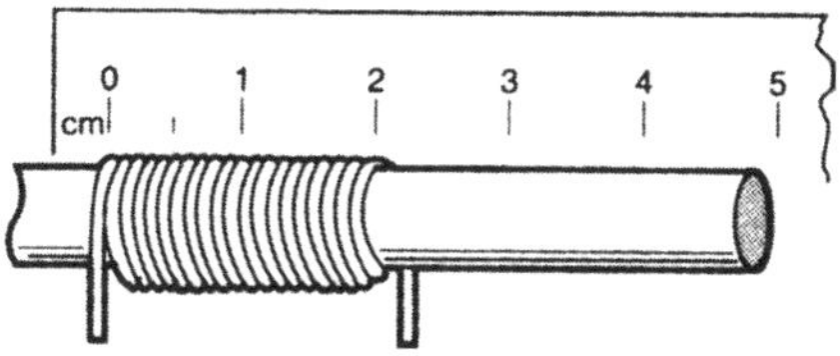


## 133. Das Flaschenvolumen

Die Fläche eines Kreises, Quadrats oder Rechtecks lässt sich berechnen, wenn man die Seitenlängen oder den Durchmesser mit einem Lineal misst. Nennen wir die Fläche *s*.

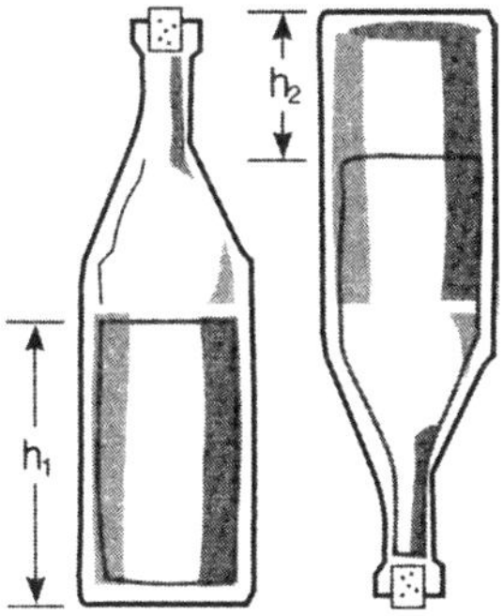


Miss die Höhe $h_1$ der Flüssigkeit, wenn die Flasche aufrecht steht (siehe linke Abbildung). Der gefüllte Teil der Flasche hat das Volumen $sh_1$. Dreh die Flasche um und miss die Höhe $h_2$ des mit Luft gefüllten Raums. Dieser Teil der Flasche hat das Volumen $sh_2$. Die ganze Flasche hat das Volumen $s(h_1 + h_2)$.

## 134. Schiff und Wasserflugzeug

Vielleicht kannst du ohne komplizierte Berechnungen gleich erkennen, dass das Flugzeug 200 Kilometer weit fliegt, während das Schiff 20 Kilometer weit fährt.

Dies war eine Lösung nach dem Prinzip Versuch und Irrtum. Nun versuchen wir die Aufgabe mit Gleichungen zu lösen.

| | |
|---|---|
| Die Entfernung sei: | X |
| Die Geschwindigkeit des Schiffs: | S |
| Die Geschwindigkeit des Flugzeugs: | $10 \times S$ |

Wir wissen auch: Zeit = Entfernung x Geschwindigkeit = $X \times S$, also:

Wir wissen außerdem: Zeit = $\frac{\text{Geschwindigkeit}}{\text{Entfernung}} = \frac{X}{S}$, dann:

$X - 180\ S = X\ 10 \times S$ (weil sie sich zur gleichen Zeit treffen).

Gekürzt ergibt das:

$10 \times S$

$$\frac{X-180}{S} = \frac{X}{10 \times S}$$ (da die Zeit, bis sie sich treffen, gleich ist).

Gekürzt ergibt das:

$$10 \times S \times x - 1800S = X \times S$$

$$9X = 1800$$

$$X = 200$$

## 135. Schiffe und Rettungsring

Aus dem Blickwinkel des Rettungsrings (der flussabwärts treibt) bewegen sich beide Schiffe mit gleicher Geschwindigkeit in unbewegtem Wasser von ihm weg. Dann kehren sie mit gleicher Geschwindigkeit in unbewegtem Wasser zurück. Deshalb erreichen die beiden Schiffe den Rettungsring gleichzeitig.

## 136. Eine Kopfrechnung

Wenn wir die Gleichungen addieren und subtrahieren, erhalten wir 10000, 10000 und 50000. Dann 3502, –3502 und 3502. Durch 10000 und 3502 geteilt erhalten wir:

$$x + y = 5$$

$$x - y = 1$$

$$x = 3$$

$$y = 2$$

## 137. Drei Männer auf der Straße

Der Schlüssel zur Lösung ist, dass der Mann in Weiß mit Herrn Schwarz spricht, deshalb kann er nicht Herr Schwarz sein. Er kann auch nicht Herr Weiß sein, denn keiner der Männer trägt die Farbe seines Namens. Deshalb muss der Mann in Weiß Herr Grau sein.Wir können das so darstellen:

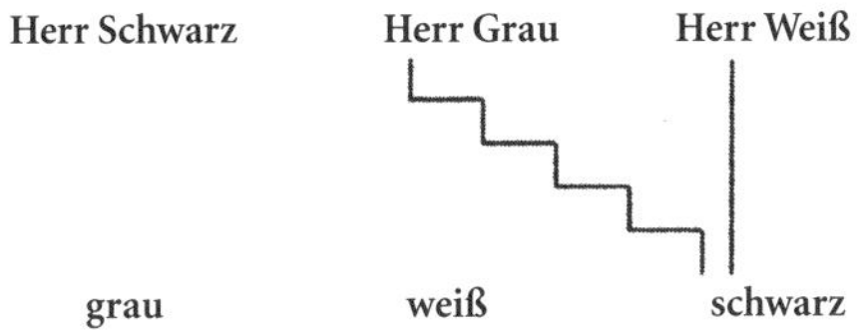


Die gerade Linie zeigt, was richtig sein muss. Die Treppe zeigt, was nicht zutreffen kann. Herr Weiß kann nicht Weiß tragen. Deshalb trägt er Schwarz. Herr Schwarz muss also Grau tragen.

## 138. Das quadratische Feld

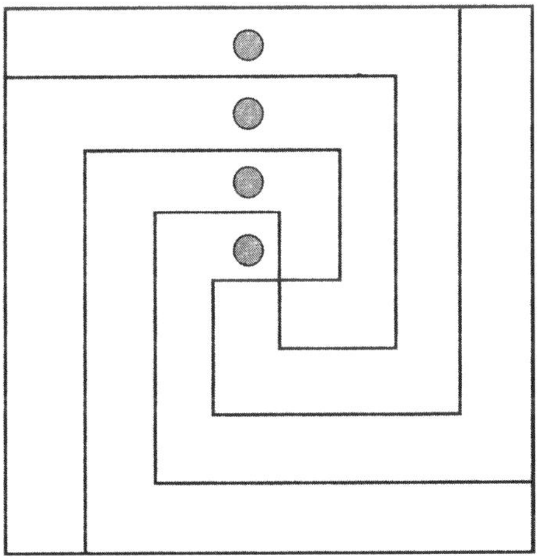

## 139. Könige und Damen

Es gibt nur zwei Anordnungen von Königen (K) und Damen (D), die die erste und die zweite Anforderung erfüllen, nämlich KDD und DKD. Die dritte und vierte Anforderung wird nur von zwei möglichen Anordnungen von Herz- und Pik-Karten erfüllt, nämlich PPH und PHP. Diese beiden Anordnungen kann man auf vier mögliche Weisen kombinieren:

**KP, DP, DH**
**KP, DH, DP**
**DP, KP, DH**
**DP, KH, DP**

Die letzte Möglichkeit ist ausgeschlossen, denn sie enthält zwei Pik-Damen. Da alle anderen Anordnungen aus Pik-König, Pik-Dame und Herz-Dame bestehen, müssen dies die drei Karten auf dem Tisch sein. Die Position der einzelnen Karten kann nicht definitiv bestimmt werden, aber die erste muss ein Pik und die dritte eine Dame sein.

## 140. Gleiche Strecke

Jeder Reifen ist vier Fünftel der gesamten Strecke gefahren: $\frac{4}{5}$ von 10 000 Kilometern = 8000 Kilometer pro Reifen.

## 141. Rundherum

Rad A macht drei Rotationen um die eigene Achse, wenn es einmal um Rad B rollt. Da der Umfang von Rad A der Hälfte des Umfangs von Rad B entspricht, finden zwei Rotationen in Bezug auf Rad B statt, und beim Umkreisen kommt eine dritte Rotation in Bezug auf einen Beobachter von oben hinzu.

Die allgemeine Formel für die Anzahl der Rotationen pro Umkreisung lautet (B : A) + 1. Wenn also der Durchmesser des rollenden Rads A doppelt so groß wäre wie der des fixierten Rads B, würde es sich eineinhalb Mal um seine eigene Achse drehen. Wenn es größer ist, nähert sich das rollende Rad einer Grenze von einer Rotation pro Umkreisung an. Diese Grenze wird nur erreicht, wenn es um einen „Kreis" (oder Punkt) mit dem Durchmesser 0 rollt.

## 142. Verdächtige Gläser

Folgendes Vorgehen ist die effizienteste Methode, um eine beliebige Anzahl von Gläsern mit Flüssigkeit darauf zu testen, ob ein einziges Glas Gift enthält: Zuerst teilt man die Gläser in zwei möglichst gleich große Gruppen auf. Dann testet man eine Hälfte, indem man aus jedem Glas eine Probe entnimmt, alle mischt und dies testet. Anschließend teilt man die Hälfte, von der man nun weiß, dass sie Gift enthält, wieder in zwei Hälften und wiederholt die Prozedur. Man fährt so fort, bis man das Glas mit dem vergifteten Inhalt identifizieren kann. Bei 100 bis 128 Gläsern benötigt man maximal 7 Tests, bei 129 bis 200 Gläsern maximal 8 Tests. Die Zahl 128 ist der Wendepunkt. Wir wissen, dass es zwischen 100 und 200 Gläser waren. Es müssen 129 Gläser gewesen sein, denn dann macht es keinen Unterschied, ob man das erste Glas einzeln testet. Um 129 Gläser durch Halbieren ihrer Anzahl zu testen, bräuchte man 8 Tests. Testet man aber zuerst ein Glas, braucht man für die übrigen 128 Gläser noch 7 Tests, und die Gesamtzahl der Tests bleibt gleich.

Als diese Lösung zum ersten Mal publiziert wurde, kommentierten viele Leute, dass der Inspektor recht und der Statistiker unrecht hatte. Unabhängig von der Anzahl der Gläser ist das effektivste Testverfahren, die Gläser bei jedem Schritt in möglichst gleiche Hälften aufzuteilen. Wenn man die Wahrscheinlichkeiten berechnet, liegt bei 129 Gläsern die erwartete Anzahl von Tests bei 7,0155+. Testet man zuerst ein einzelnes Glas, liegt die erwartete Anzahl bei 7,9457+, also 0,930+ Tests mehr. Der Inspektor hatte also fast recht, dass der Statistiker einen Test verschwenden würde.

Genau gesagt, würde das Vorgehen des Statistikers in jedem Fall einen Test verschwenden, außer das vergiftete Glas würde als letztes (das 129.) getestet werden. Und die Wahrscheinlichkeit dafür ist nicht hoch.

## 143. Das quadratische Fenster

Der schattierte Bereich des Fensters ist blau gestrichen, der Rest bleibt durchsichtig.

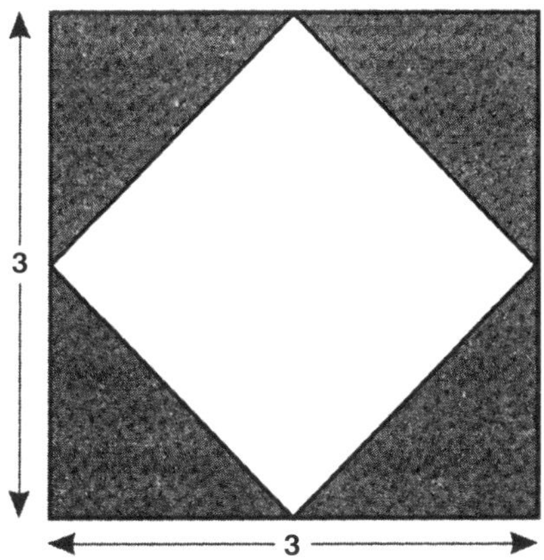

## 144. Dominosteine

Du kannst diese Aufgabe mit seitenlangen Diagrammen und Kalkulationen lösen – oder mittels Logik in wenigen Sätzen eine Begründung liefern. Jeder Stein muss zwei benachbarte Quadrate bedecken, also ein schwarzes und ein weißes. Die Quadrate, die diagonal aneinandergrenzen, haben beim Damebrett die gleiche Farbe, in unserem Beispiel sind sie beide weiß. Du kannst 30 Steine so auf das Brett legen, dass sie 30 weiße und 30 schwarze Quadrate bedecken, aber es werden immer 2 schwarze Quadrate übrig bleiben. Der letzte Dominostein kann sie nicht beide abdecken.

## 145. Eine Bridge-Partie

FLUSH. Die beiden Ereignisse sind gleich wahrscheinlich. Das kannst du umständlich berechnen oder logisch begründen. Wenn zwei Spieler alle Karten einer Farbe haben, haben die anderen Spieler logischerweise keine Karten dieser Farbe. Die beiden Ereignisse treffen also gleichzeitig ein, deshalb sind sie gleich wahrscheinlich.

PERFECT DEAL. Geschichten von „Perfect Deals“ beim Bridge sollte man mit großer Vorsicht genießen. Die Wahrscheinlichkeit eines „Perfect Deals“ liegt bei 1 zu 2 235 197 406 985 633 368 301 599 999. Das ist so gering, dass solch ein Ereignis vermutlich in der ganzen Geschichte des Kartenspiels noch nie zufällig eingetroffen ist (vielleicht aber durch einen Streich oder schlecht gemischte Karten). Wenn jedem Menschen auf der Erde jeden Tag die Karten für 60 Bridge-Partien ausgeteilt würden, würde ein „Perfect Deal“ nur einmal in 124 Billionen Jahren vorkommen!

## 146. Computer

Drei Computer.

## 147. Ein Drittel des Planeten

Du müsstest einen Abstand vom Zentrum haben, der dem Durchmesser der Erde entspricht: etwa 12 740 Kilometer.

Stell dir vor, die Erde wäre ein Kreis und keine Kugel:

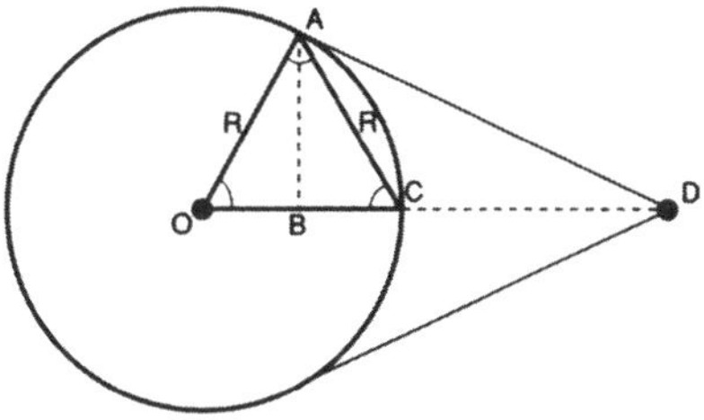


△ OAC ist gleichseitig.

△ OAB entspricht △ OAD. $OD:R = \frac{R}{2}$

$R^2 = OD: \frac{R}{2}$ oder $OD = 2R$

## 148. Dame

Nimm die 2 unten markierten Steine, und schiebe sie in die Positionen rechts außen. Dabei drückst du ihre jeweiligen Reihen nach links, sodass die Säulen einfarbig werden.

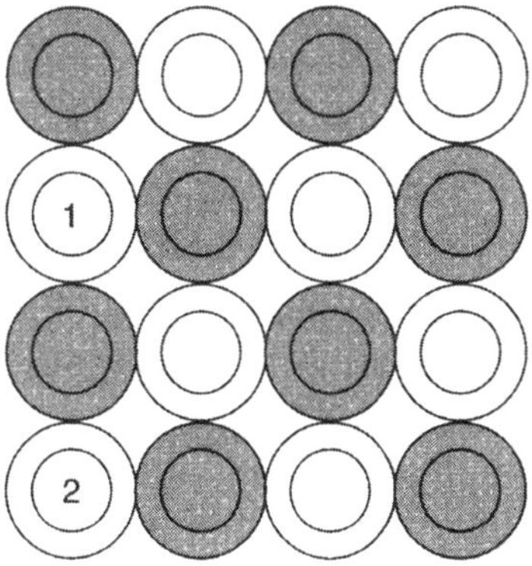


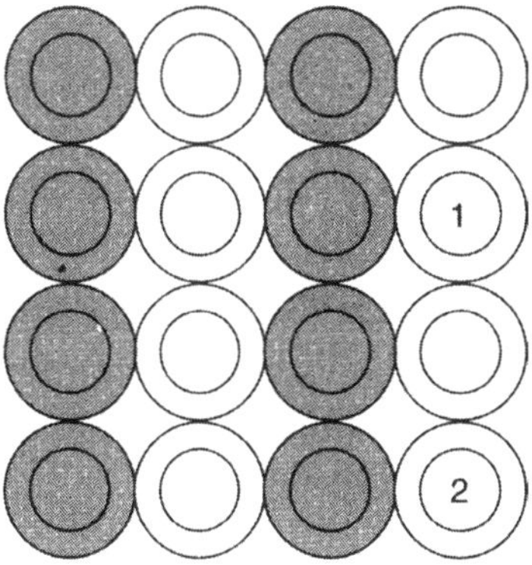


## 149. Wettrennen mit Vorsprung

Mel gewinnt wieder. Wenn Sid beim zweiten Rennen 90 Meter zurückgelegt hat, ist Mel 100 Meter gelaufen, und sie sind auf gleicher Höhe. Sie haben noch 10 Meter zu laufen, und weil Mel schneller ist, kommt er zuerst ins Ziel.

## 150. … 9, 10

In die untere Reihe. Die Zahlen der unteren Reihe werden mit vier Buchstaben geschrieben, die in der oberen mit mehr als vier.

## 151. Am Südpol

–40 ° Celsius = –40 ° Fahrenheit.

## 152. Dunkles Bier

Der zweite Mann legte die 50 Pence in einer Kombination von Geldstücken auf die Theke, z. B. 4 × 10-Pence-Münzen und 2 × 5-Pence-Münzen, aus der sich schließen ließ, dass er 45 Pence passend hingelegt hätte, wenn er ein Jubilee gewollt hätte.

## 153. Der Bonus

Nehmen wir $m$ als Anzahl der Männer und $x$ als Anteil der Männer, die den Bonus nicht möchten. Dann ist die Summe, die ausbezahlt wird:

$$T = 8{,}15(350 - m) + 10(1 - x)m = 2852{,}50 + m(1{,}85 - 10x)$$

Die Gleichung ist nur dann unabhängig von $m$, wenn $x = 0{,}185$, sodass $T = 2852{,}50$. Sowohl $m$ als auch $0{,}185m$ müssen natürliche (ganze) Zahlen mit $m < 350$ sein, weshalb $m = 200$. Daraus folgt, dass 1222,50 Euro an 150 Frauen ausbezahlt wurden.

## 154. Der gekachelte Boden

Um keine Linie zu berühren, muss das Stück Pappe so fallen, dass seine Mitte in der schattierten Fläche liegt.

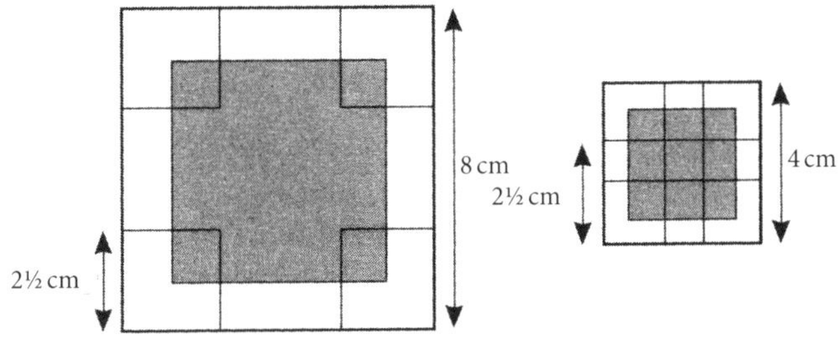


| | Positiv | | Negativ |
|---|---|---|---|
| Deshalb | $30\frac{1}{4}$ | – | $33\frac{3}{4}$ |
| | $2\frac{1}{4}$ | – | $13\frac{3}{4}$ |
| | $2\frac{1}{4}$ | – | $13\frac{3}{4}$ |
| | $2\frac{1}{4}$ | – | $13\frac{3}{4}$ |
| | $2\frac{1}{4}$ | – | $13\frac{3}{4}$ |
| | $39\frac{1}{4}$ | – | $88\frac{3}{4}$ |

× 4, um die Brüche zu entfernen: Es steht 157 : 355, dass es auf eine Linie fällt.

## 155. Gemischte Karten

Die Anzahl der roten Karten in den oberen 26 Karten muss immer der Anzahl der schwarzen in den unteren 26 Karten entsprechen. Nach den Gesetzen der Logik ist diese Aussage richtig, egal, was auf das Wort „dann“ folgt.

## 156. Eine seltsame Zahl

Die Gleichung muss 7 und 11 als Faktoren enthalten, somit ist die gesuchte Zahl 7 + 11 beziehungsweise 18. Die Methode ist gebräuchlich, denn die Lösung von $(x - k)k = (x - m)m$ ist $k + m$.

## 157. Frostschutzmittel

1 Liter der alten Lösung unterscheidet sich von 1 Liter der gewünschten Lösung um -24 Prozent, während 1 Liter der Lösung, die dazugegeben werden soll, sich von der gewünschten Lösung um +48 Prozent unterscheidet. Deshalb muss zu 2 Liter der alten Lösung jeweils 1 Liter der konzentrierteren Lösung zugegeben werden. Dafür muss man ein Drittel des ursprünglichen Inhalts, also 7 Liter, ablassen.

## 158. Bäume und Blätter

Vorausgesetzt, dass keiner der Bäume gar keine Blätter hat, ist die Behauptung richtig.

## 159. Der letzte Wille

Daniel Greenes Wille war, dass sein Vermögen 2 : 1 zwischen seinem Sohn und seiner Witwe oder 1 : 3 zwischen seiner Tochter und seiner Witwe aufgeteilt würde. Diese Verhältnisse bleiben erhalten, wenn sein Sohn sechs Zehntel seines Vermögens bekommt, seine Tochter ein Zehntel und seine Witwe Sheila drei Zehntel.

Nehmen wir S als Wert des Vermögens, $x$ als Sheilas Anteil,
$y$ als Anteil des Sohns,
$z$ als Anteil der Tochter.

Dem Testament gemäß soll Sheila die Hälfte des Anteils des Sohns und das Dreifache des Anteils der Tochter erhalten, oder:

$$x = \frac{y}{2}, \quad x = 3z$$

Aber $x + y + z = s$ oder

$$x + 2x + \frac{x}{3} = s$$

$$\frac{3x}{3} + \frac{6x}{3} + \frac{x}{3} = \frac{3s}{3}, \qquad 10x = s \qquad x = \frac{1}{10} s$$

Das Vermögen wird wie folgt geteilt:

| | |
|---|---|
| Mutter | $\frac{3}{10}$ |
| Sohn | $\frac{6}{10}$ |
| Tochter | $\frac{1}{10}$ |

## 160. Wein und Wasser

Es ist exakt gleich viel Wasser im Weinkrug wie Wein im Wasserkrug. Egal, welche Anteile von Wein und Wasser umgeschüttet wurden, wenn beide Krüge ursprünglich gleiche Volumen der unvermischten Flüssigkeiten enthielten und beide schließlich gleiche Volumen der Mischungen enthalten, müssen gleiche Mengen Wein und Wasser umgeschüttet worden sein.

Dieses alte Rätsel ist auch die Grundlage eines Kartentricks: Der Trickkünstler und ein Mann aus dem Publikum sitzen sich gegenüber. Der Künstler deckt 20 Karten von einem Stapel aus 52 Karten auf. Der Mann gegenüber soll den ganzen Stapel nun mischen, sodass die aufgedeckten Karten zufällig zwischen den anderen verteilt sind. Dann soll er den Stapel unter dem Tisch halten und die oberen 20 Karten abzählen. Diese 20 Karten reicht er dem Künstler unter dem Tisch.

Der Künstler nimmt die Karten und erklärt dem Publikum: „Keiner von uns weiß, wie viele der zuvor umgedrehten Karten in diesem Stapel mit 20 Karten enthalten sind. Aber es ist wahrscheinlich, dass weniger umgedrehte Karten im Päckchen mit 20 Karten sind als im Päckchen mit den 32 Karten, das der Herr in der Hand hält. Ich werde nun einige der Karten in meinem Stapel umdrehen, ohne sie anzusehen. Danach werden in meinem Stapel genauso viele umgedrehte Karten sein wie im Stapel des Herrn mir gegenüber."

Der Künstler tut nun so, als könne er beim Stapel unter dem Tisch den Unterschied zwischen der Vorder- und Rückseite der Karten fühlen. Dann breitet er seinen Stapel auf dem Tisch aus. Wenn man die Karten zählt, die mit dem Bild nach oben liegen, stellt sich heraus, dass ihre Anzahl genau die gleiche ist wie im Stapel des Mannes aus dem Publikum, der aus 32 Karten besteht. Der Trickkünstler hat natürlich seinen ganzen Stapel mit 20 Karten unter dem Tisch einfach umgedreht!

## 161. Logikrätsel

Die Antwort ist 4. Das Problem kann man analog folgendermaßen beschreiben:

$$\frac{5}{2} : 3 = \frac{10}{3} : x$$

$$x = 4$$

Eine alternative Argumentation lautet wie folgt:
Wenn 2½ = 3, dann 10 = 12
⅓ von 10 wäre deshalb 4.

## 162. Gesundheitsprobleme

Wenn es nur zwei Krankheiten bei 70 Prozent beziehungsweise 75 Prozent der Bevölkerung gäbe, betrüge die Mindestüberschneidung 45 Prozent, also 70 Prozent plus 75 Prozent minus 100. Das Minimum von 45 Prozent der Bevölkerung mit den ersten beiden Krankheiten überschneidet sich mit den 80 Prozent der Bevölkerung mit der dritten Beschwerde in mindestens 25 Prozent der Fälle. Schließlich überschneidet sich das Minimum von 25 Prozent der Bevölkerung, die an den ersten drei Krankheiten leiden, mit den 85 Prozent der Bevölkerung mit der vierten Beschwerde in mindestens 10 Prozent der Fälle. Dasselbe Prinzip gilt für alle anderen Kombinationen von jeder Anzahl von Krankheiten. Die Antwort lässt sich mit folgender Formel berechnen:

$$(A1\% + A2\% + A3\% + \ldots An\%) - 100 \times (N - 1) = 10\%$$

A1 bis An sind hier die prozentualen Anteile der verschiedenen Krankheiten und N beziffert die Anzahl der verschiedenen Krankheiten.

## 163. Die Straßenbahnen

Dieses Problem wird zumeist mit der Methode der relativen Geschwindigkeiten gelöst: Die relative Geschwindigkeit zwischen dem Mann und den Straßenbahnen, die sich in seine beziehungsweise in die Gegenrichtung fortbewegen, ist proportional zur Anzahl der Straßenbahnen, die ihm insgesamt begegnen. Das ergibt die Gleichung:

$$(x + 3)(x - 3) = \tfrac{60}{40}$$

Daher gilt: $x = 15$ Kilometer pro Stunde.

Eine einfachere Erklärung ist jedoch folgende: Stell dir vor, dass sich die 40. Bahn hinter dem Mann befindet und die 60. vor ihm, wenn er losgeht. Der Gesamtabstand zwischen ihnen beträgt 100 Straßenbahnabstände. Beide Bahnen müssen die Hälfte des Gesamtabstands, also 50 Straßenbahnabstände, zurückgelegt haben, wenn sie sich bei dem Mann begegnen. Die Entfernung, die der Mann in derselben Zeit gegangen ist, entspricht 10 Straßenbahnabständen, also einem Fünftel davon. Daher betrug die Geschwindigkeit der Straßenbahn 15 Kilometer pro Stunde.

## 164. Vorbeifahrende Züge

Wenn ein Zug der Länge L 10 Sekunden braucht, um an Mann A vorbeizufahren und 9 Sekunden, um an Frau B vorbeizufahren, ist die relative Geschwindigkeit zwischen dem Zug und A L/10, zwischen dem Zug und B L/9 und zwischen A und B L/90. Letzteres ist ein Zehntel der relativen Geschwindigkeit zwischen dem Zug und B.

Weil der Zug 1210 Sekunden brauchte, um B zu erreichen, braucht A zehnmal so lang oder 12 100 Sekunden, von denen 1219 Sekunden verstrichen waren, als der Zug an B vorbeifuhr. Es bleiben 3 Stunden, 1 Minute und 21 Sekunden.

Eine alternative und vielleicht interessantere Lösung bezieht einen Beobachter mit ein, der von einem stehenden Zug auf die zwei Spaziergänger blickt. Für diesen scheint sich die Frau schneller zu bewegen als der Mann, weil sie in 9 Sekunden eine Strecke zurücklegt, für die der Mann 10 Sekunden braucht. In 9 Sekunden ist die Frau 1 Sekunde schneller als der Mann. Wir wissen, dass die Frau 20 Minuten und 9 Sekunden nach dem Mann am hinteren Ende des Zugs ist. Es würde das 9-Fache dieser Zeitspanne dauern, bis sie sich treffen, also 3 Stunden, 1 Minute und 21 Sekunden.

## 165. Die Fliege auf der Schallplatte

Die Fliege kommt am Rand an. Eine Schallplatte dreht sich auf dem Plattenspieler im Uhrzeigersinn, wenn man von oben daraufblickt. Relativ dazu bewegt sich die Nadel des Plattenspielers gegen den Uhrzeigersinn. Wenn sich die Nadel – und die Fliege – im Uhrzeigersinn die Rille entlang bewegen, enden sie außen.

## 166. Bewege eine Münze

Lege eine Münze der senkrechten Reihe auf die Münze am Schnittpunkt der Reihen.

## 167. Die unsymmetrische Münze

Auch mit einer unsymmetrischen Münze lässt sich eine Serie von Zufallszahlen generieren. Zur Bestimmung einer Zahl wirfst du die Münze zweimal. Da sie unsymmetrisch ist, kommt das Ergebnis Kopf-Kopf (KK) seltener vor als Zahl-Zahl (ZZ). Aber die Abfolge KZ ist ebenso wahrscheinlich wie ZK, egal, wie unsymmetrisch die Münze ist. Du wirfst die Münze für jeden Versuch zweimal, lässt KK und ZZ nicht gelten und bestimmst KZ als 1 und ZK als 0 (oder umgekehrt).

## 168. Das Fahrrad-Experiment

So seltsam es scheint: Wenn man das untere Pedal nach hinten zieht, bewegt sich das Fahrrad nach hinten. Die Kraft auf das Pedal wirkt in die Richtung, die das Rad normalerweise vorwärts bewegen würde. Aber aufgrund der Größe der Räder und der kleinen Übersetzung zwischen dem Pedal und den Zahnkränzen kann sich das Fahrrad frei rückwärts bewegen, wenn am Seil gezogen wird. Dabei bewegt sich das Pedal im Verhältnis zum Fahrrad tatsächlich nach vorn (das heißt in der Illustration gegen den Uhrzeigersinn), im Verhältnis zum Boden aber nach hinten.

Das höhere Pedal würde sich, zöge man es nach hinten, frei drehen, bis es den Punkt des Kreisbogens erreicht, der dem Punkt, von dem die Zugkraft ausgeht, am nächsten ist. Ab hier würde sich das Fahrrad nach hinten bewegen.

## 169. Ein Stück Schnur

Angenommen, dass die Schnur, die bei A von oben links nach unten rechts führt, oben ist. (Wenn sie in die andere Richtung führt, ergibt sich eine spiegelbildliche Lösung mit derselben Wahrscheinlichkeit).

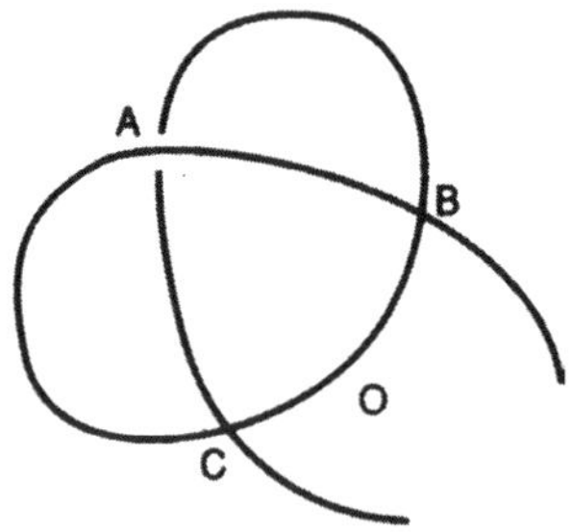


Dann haben wir vier gleich wahrscheinliche Möglichkeiten. Das Stück BOC kann entweder über oder unter jedem der Punkte B und C liegen.

| *Abschnitt BOC* | | |
|---|---|---|
| *Bei B* | *Bei C* | *Die Schnur ist* |
| oben | oben | nicht verknotet |
| oben | unten | nicht verknotet |
| unten | oben | nicht verknotet |
| unten | unten | nicht verknotet |

Deshalb liegt die Wahrscheinlichkeit, dass sich ein Knoten bildet, bei 1:4.

## 170. Die Insel und die Bäume

Das Mädchen bindet das eine Ende des Seils um den Baum am Seeufer. Dann läuft es um den See herum, das andere Ende des Seils in der Hand haltend. Nachdem es den See umrundet hat, bindet es das andere Ende des Seils um denselben Baum. Das Seil ist jetzt doppelt zwischen den beiden Bäumen gespannt. Daran kann sich das Mädchen durch das Wasser zur Insel ziehen.

## 171. Ein Junge, ein Mädchen, ein Hund

Der Hund kann an jedem Punkt zwischen dem Jungen und dem Mädchen sein und in jede Richtung laufen. Du kannst das beweisen, indem du den Hund nach einer Stunde irgendwo zwischen dem Jungen und dem Mädchen platzierst, sodass er in irgendeine Richtung läuft. Lass nun alle Bewegungen rückwärts ablaufen: Alle drei werden im selben Moment am Startpunkt sein.

## 172. Schachteln und Bälle

Sobald ein Mädchen 2 Bälle aus der Schachtel genommen hatte, verringerte es die Anzahl der möglichen Kombinationen in seiner Schachtel auf 2. Wenn es die Farbe des dritten Balls erschließen konnte, dann deshalb, weil auf dem Etikett eine der beiden möglichen Kombinationen stand. Weil alle Etiketten falsch sind, musste es die andere Kombination sein.

Die Bälle in der Schachtel des ersten Mädchens waren entweder SSS oder WSS, auf dem Etikett muss WSS oder SSS gestanden haben, sodass es die Farbe des dritten Balls erraten konnte. Ebenso müssen die Bälle in der Schachtel des zweiten Mädchens entweder WSS oder WSW gewesen sein, und auf dem Etikett muss entweder WSW oder WSS gestanden haben. In der Schachtel des dritten Mädchens muss sich entweder WWW oder WSW befunden haben, aber auf ihrer Schachtel stand keine der beiden Kombinationen, sonst hätte es die Farbe des dritten Balls ableiten können.

Die einzig mögliche Verteilung der Farben unter diesen Bedingungen ist:

| *Mädchen* | *1* | *2* | *3* | *4* |
|---|---|---|---|---|
| *Etikett* | WSS | WSW | SSS | |
| *Lösung* | SSS | WSS | ? | |

Das vierte Mädchen begriff, dass auf seinem Etikett WWW stehen musste. Weil seine Schachtel nicht WWW enthalten konnte, musste dies in der Schachtel des dritten Mädchens sein. Für das vierte Mädchen blieb nur die Kombination WSW übrig.

## 173. Zwei Züge

Der Personenzug ist 3-mal so schnell wie der Güterzug. Wir wenden folgende Formel an:

$$\text{Zeit (t)} = \frac{\text{Distanz (d)}}{\text{Geschwindigkeit}}$$

Nehmen wir x als Geschwindigkeit des Personenzugs und
y als Geschwindigkeit des Güterzugs und
t1 und t2 für die Zeiten, die die Passage dauert (das Überholen beziehungsweise das Aneinandervorbeifahren), dann gilt:

$t1 = \frac{d}{x - y}$ und $t2 = \frac{d}{x + y}$ sowie

$t1 = 2 \times t2$, daher:

$\frac{d}{x - y} = \frac{2d}{x + y}$ d wird weggekürzt, daher bleibt:

$\frac{1}{x - y} = \frac{2}{x + y}$ Vereinfacht bedeutet das:

$x = 3y$

## 174. Fehlende Seitenansicht

Es handelt sich um ein Objekt aus Draht in Form einer Ellipse, das am schmaleren „Durchmesser“ geknickt wurde.

## 175. Flucht vor dem Zug

Der Mann lief auf dem Gleis über eine Eisenbahnbrücke oder in einem Tunnel, und er war dem Ende, auf das der Zug zufuhr, viel näher.

## 176. Schüssel und Backform

Sie füllt die Form auf dem Tisch mehr als zur Hälfte mit Wasser und hebt dann eine Seite vorsichtig an, um Wasser auszugießen, bis es bei E steht, dem unteren Rand der angehobenen Seite (Abbildung 1). So bleibt genau ein halber Liter in der Form, denn der leere Teil hat dieselbe Form und Größe wie der gefüllte Teil.

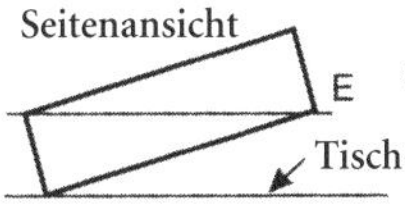


Abbildung 1

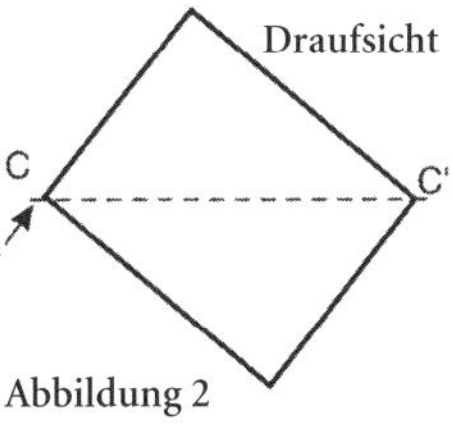


Abbildung 2

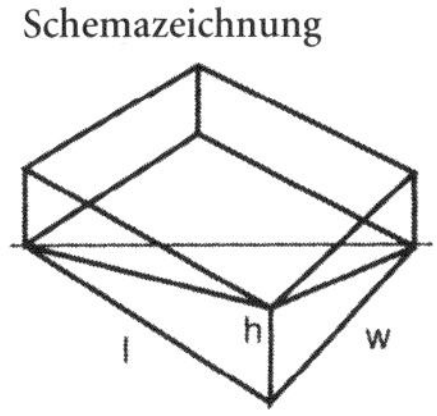


Abbildung 3

Der Tisch hat gerade Kanten, und Mutter schiebt die Form mit den gegenüberliegenden Ecken C und C' genau auf eine Kante (Abbildung 2). Sie kippt die Form wieder, bis die Wasserkante mit den Ecken C und C' zusammentrifft, und fängt das herausfließende Wasser mit der Schüssel auf. Diese enthält nun einen Drittel Liter Wasser. Beweis: Ungeachtet der Proportionen der Form zeigt Abbildung 3 das Gefäß nach dem Ausgießen. Das Restwasser hat die Form einer Pyramide, deren Volumen der Grundfläche mal einem Drittel ihrer Höhe entspricht.

$$\text{Grundfläche} = \frac{lw}{2}$$

$$\text{Volumen} = \frac{lw}{2} \times \frac{h}{3} = \frac{lwh}{6}$$

Das Volumen der Form (1 Liter) = 1 wh, das restliche Wasser = ein Sechstel Liter. Sie hat in die Schüssel also einen halben minus ein Sechstel = ein Drittel Liter gegossen.

## 177. Jasmins Alter

Jasmin war 22 Jahre und 8 Monate alt. Nehmen wir „x“ für Jasmins wahres Alter. Sie zog von ihrem wahren Alter ein Viertel und noch ein zusätzliches Jahr ab.

$$\left(\frac{x}{4} - 1\right) + 18 = x \text{ oder}$$

$$x - 4 + 72 = 4x$$

Aufgelöst ergibt das:

$$3x = 68 \quad \text{oder} \quad x = 22\tfrac{2}{3} = 22 \text{ Jahre und 8 Monate.}$$

## 178. Eine Kugel aus Draht

Dieses Problem lässt sich lösen, indem man sich auf die Entdeckung von Archimedes beruft, dass das Volumen einer Kugel zwei Drittel des Volumens eines Zylinders beträgt, in den die Kugel genau hineinpasst. Die Kugel aus Draht hat einen Durchmesser von 24 Zentimetern, deshalb ist das Volumen dasselbe wie das eines Zylinders mit einer Höhe von 16 Zentimetern und einem Durchmesser von 24 Zentimetern.

Weil der Draht einfach ein sehr langer Zylinder ist, müssen wir berechnen, wie viele Drahtstücke, die 16 Zentimeter lang sind und ein Hundertstel Zentimeter Durchmesser haben, im Volumen einem 16 Zentimeter hohen Zylinder mit einem Grundflächen-Durchmesser von 24 Zentimetern entsprechen. Kreisflächen stehen zueinander im selben Verhältnis wie das Quadrat ihrer Durchmesser. Das Quadrat von $\frac{1}{100}$ ist $\frac{1}{10\,000}$, und das Quadrat von 24 ist 576. Deshalb entspricht das Volumen des Zylinders 5 760 000 Stücken 16 Zentimeter langen Drahts. Die gesamte Länge des Drahts ist deshalb 5 760 000 × 16 = 92 160 000 Zentimeter = 921, 6 Kilometer.

## 179. Zwei Fähren

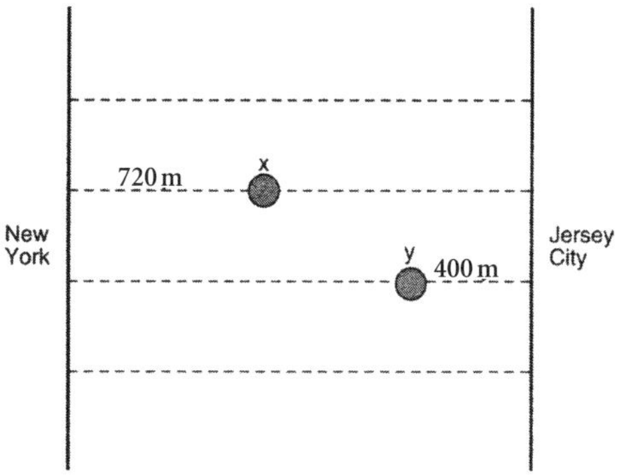


Wenn sich die Fähren am Punkt x treffen, sind sie 720 Meter vom näheren Ufer entfernt. Die Entfernung, die beide Fähren zusammen zurückgelegt haben, entspricht der Breite des Flusses. Wenn sie das gegenüberliegende Ufer erreichen, entspricht die gesamte zurückgelegte Entfernung der doppelten Breite des Flusses. Auf der Rückfahrt treffen sie sich am Punkt y, nachdem sie beide zusammen die dreifache Breite des Flusses zurückgelegt haben. Deshalb ist jede Fähre nun 3-mal so weit gefahren wie bei ihrer ersten Begegnung auf dem Fluss.

Bei der ersten Begegnung hat eine Fähre 720 Meter zurückgelegt. Bei y muss sie 3-mal diese Strecke gefahren sein, also 2160 Meter. Diese Strecke ist 400 Meter länger, als der Fluss breit ist. Er muss deshalb 2160 – 400 = 1760 Meter breit sein.

## 180. John und das Huhn

Bestimme zunächst, wie weit John laufen müsste, um das Huhn zu fangen, wenn das Huhn und John in einer geraden Linie vorwärts laufen. Addiere dazu die Entfernung, die John laufen müsste, um das Huhn zu fangen, wenn sie in einer geraden Linie aufeinander zulaufen würden. Teile das Ergebnis durch 2, und du hast die Strecke, die John zurücklegt.

In diesem Fall ist das Huhn 250 Meter entfernt, und die Geschwindigkeiten von John und dem Huhn stehen im Verhältnis 4:3 zueinander. Wenn beide in einer geraden Linie vorwärts laufen würden, würde John 1000 Meter laufen, bis er das Huhn überholen würde. Würden sie aufeinander zulaufen, würde John vier Siebtel von 250 oder $142^{6}/_{7}$ Meter laufen. Wenn man diese beiden Strecken addiert und durch 2 teilt, kommt man auf eine Strecke von $571^{3}/_{7}$ Meter, die John zurückgelegt hat. Weil das Huhn mit drei Viertel der Geschwindigkeit von John läuft, hat es dann drei Viertel der Entfernung von John zurückgelegt, also $428^{4}/_{7}$ Meter.

## 181. Der Verurteilte

Der Gefangene glaubte, seine Chancen zu verbessern, indem er die goldenen und silbernen Kugeln ungleich auf die beiden Gefäße verteilte. Er hielt es für die beste Strategie, nur eine silberne Kugel in eines der Gefäße und die restlichen 49 silbernen und alle 50 goldenen Kugeln in das zweite Gefäß zu füllen. Würde seine zufällige Wahl dann auf das zweite Gefäß fallen, wäre seine Chancen, eine silberne Kugel zu ziehen, nur etwas weniger als 1:2 (49:99). Hätte er das Glück, das zweite Gefäß zu erwischen, würde er der Hinrichtung sicher entgehen. Auf diese Weise lag seine gesamte Wahrscheinlichkeit zu überleben bei

$$\frac{1}{2} \times 1 + \frac{1}{2} \times \frac{49}{99} - \frac{74}{99}$$

oder etwas weniger als 3:4.

## 182. Spielsteine und Becher

Es gibt keine gewöhnliche Vorgehensweise, die Spielsteine aufzuteilen und die Aufgabe zu lösen, deshalb muss es einen Trick geben. Der besteht darin, dass man Dinge auf verschiedene Weise ineinanderlegen oder -stellen kann. Um die Aufgabe zu lösen, wird ein Becher, der eine ungerade Anzahl Spielsteine enthält, in einen anderen Becher mit einer geraden Anzahl Spielsteine gestellt. Die Summe der Spielsteine in beiden Bechern ist ungerade. Die Abbildung zeigt eine von mehreren Möglichkeiten.

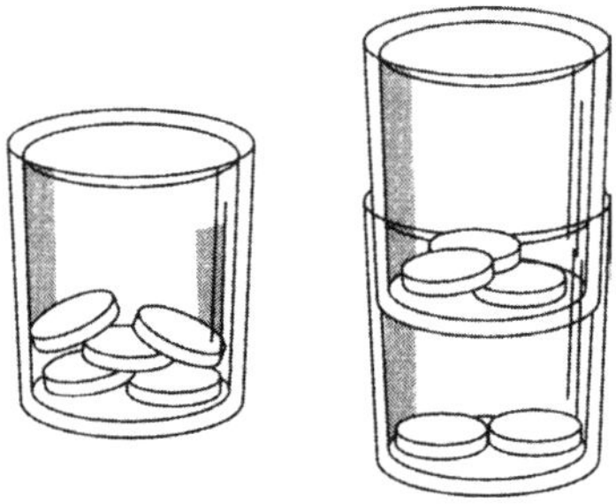

## 183. Ameisentempo

Die Ameise nähert sich King's Cross mit 181 Zentimetern pro Sekunde. Es spielt keine Rolle, wie schnell der Mann den Hotdog isst. Weil die Ameise mit 1 Zentimeter pro Sekunde von seinem Mund fortläuft – also 3 Zentimeter pro Sekunde relativ zum Hotdog – bewegt sie sich 1 Zentimeter pro Sekunde schneller auf den Bahnhof zu als der Mann.

## 184. Wayne und Shirley

Die meisten glauben, dass es wahrscheinlicher ist, 2 Kinder von jedem Geschlecht zu bekommen. Aber die richtige Antwort ist tatsächlich: 3 von einem und 1 vom anderen Geschlecht. Unten sind alle möglichen Kombinationen für 4 Kinder ausgeführt.

| | |
|---|---|
| J J J J | |
| J J J M<br>J J M J<br>J M J J<br>M J J J | ein Mädchen |
| M M M J<br>M M J M<br>M J M M<br>J M M M | ein Junge |
| J J M M<br>J M J M<br>J M M J<br>M J J M<br>M J M J<br>M M J J | zwei von jedem Geschlecht |
| M M M M | |

Jede der 16 Kombinationen ist gleich wahrscheinlich. In 8 Fällen tritt ein Verhältnis von 3:1 und in nur 6 Fällen das Verhältnis von 2:2 auf.

## 185. Wortreihe

Die Lösung ist (d), *Himmel.* Es ist eine Abfolge von Ordinalzahlen impliziert: Erste Hilfe, Zweiter Weltkrieg, Dritte Welt, Vierte Macht, fünftes Element, sechster Sinn, siebter Himmel.

## 186. Zwei Schützen

Nein. Bill und Ben sind insgesamt gleich gut. Das Ergebnis berechnet man aus dem Verhältnis von Treffern zu Schüssen. Bei Bill betrug das Verhältnis 28:84 und bei Ben 25:75. Jeder der beiden traf also das Ziel mit einem Drittel seiner Schüsse.

## 187. Lethargische Lamas

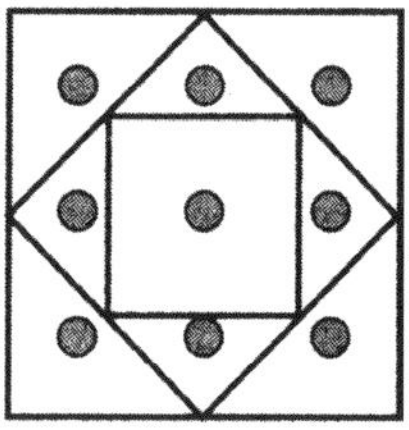

Mit zwei quadratischen Zäunen wie abgebildet bekommt jedes Lama ein Gehege.

## 188. Träge Tapire

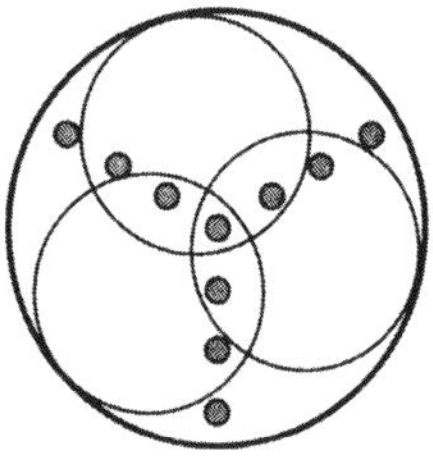

Drei sich wie abgebildet überschneidende runde Gehege trennen die Tapire.

## 189. Ein Holzblock

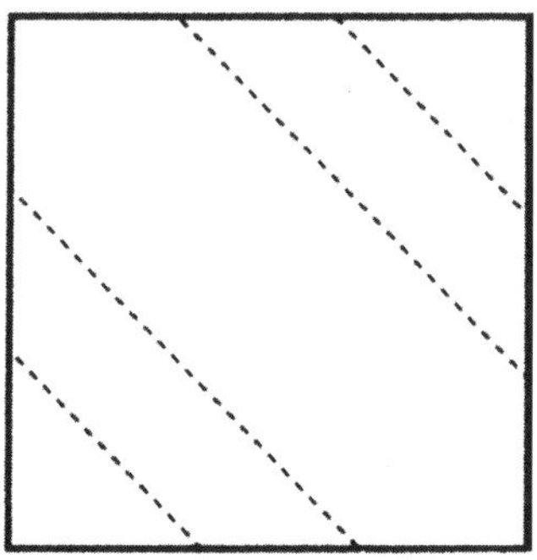

Es wurden wie oben abgebildet diagonale Kerben in den Holzblock gesägt. Dann ließen sich die beiden Stücke diagonal zueinander verschieben.

## 190. Worträtsel

Mit Ausnahme des Worts RAD kann man vor alle Wörter das Wort LUFT setzen. (Zu RAD fällt vielen zuerst das Wort WIND ein.)

## 191. Waffentransport

Ich legte meine Waffe diagonal in eine flache Kiste mit 1 Meter Seitenlänge. Die Länge der Diagonale war $\sqrt{2}$ oder mehr als 1,4 Meter. Die Kiste gab ich als Gepäck auf.

## 192. Schwarz und Weiß

Die meisten denken, die Wahrscheinlichkeit wäre 1 : 2, weil der Zustand der Tasche nach dem Ziehen der weißen Spielmarke genau derselbe ist, wie bevor sie hineingelegt wurde. Aber das ist nicht der Fall.

Die ursprüngliche Wahrscheinlichkeit, dass die Spielmarke (nennen wir sie Spielmarke *x*) in der Tasche schwarz oder weiß ist, ist gleich hoch. Geben wir einen weißen Spielstein dazu (nennen wir ihn Spielstein *y*), ist die Wahrscheinlichkeit gleich hoch, dass die Tasche WW oder WS enthält. Nach Herausnehmen einer weißen Spielmarke gibt es drei Möglichkeiten:

a) Die gezogene Spielmarke ist *x*. In diesem Fall ist die verbliebene sicher weiß.
b) Die gezogene Spielmarke ist *y* und die in der Tasche verbliebene ist weiß.
c) Die gezogene Spielmarke ist *y* und die in der Tasche verbliebene ist schwarz.

In zwei der oben ausgeführten drei Möglichkeiten oben ist die in der Tasche verbliebene Spielmarke weiß. Es steht 2 : 1, dass die zweite Spielmarke weiß ist.

## 193. Das Bankkonto

Es gibt keinen Grund, weshalb das ursprüngliche Guthaben von 100 Euro der Summe dem auf dem Konto verbliebenen Betrag nach jeder Abhebung gleichen muss. Die Summe der Abhebungen in der linken Spalte muss 100 Euro entsprechen, aber es ist reiner Zufall, wenn die Summe rechts annähernd 100 Euro ergibt. Das verdeutlicht das folgende Beispiel, bei dem andere Beträge vom Konto abgehoben wurden:

| *Abhebungen* | *Guthaben* |
|---|---|
| 5 Euro | 95 Euro |
| 5 Euro | 90 Euro |
| 90 Euro | 0 Euro |
| 100 Euro | 185 Euro |

## 194. Der Hut im Fluss

Weil sich die Fließgeschwindigkeit des Flusses gleichermaßen auf das Boot und den Hut auswirkt, kann man sie ignorieren. Statt dir vorzustellen, dass sich das Wasser bewegt und das Ufer stillsteht, stellst du dir vor, dass das Wasser stillsteht und sich das Ufer bewegt. Was das Boot und den Hut betrifft, ist die Situation genau dieselbe wie zuvor. Weil der Mann 5 Kilometer vom Hut fortrudert und dann wieder 5 Kilometer zurück, hat er im Verhältnis zum Wasser eine Gesamtstrecke von 10 Kilometern zurückgelegt. Da seine Rudergeschwindigkeit im Verhältnis zum Wasser 5 Kilometer pro Stunde beträgt, muss er für diese 10 Kilometer 2 Stunden gebraucht haben. Deshalb holt er seinen Hut um 16 Uhr aus dem Wasser.

## 195. Münzen werfen

Nein, es wäre unklug von Jack, die Wette anzunehmen. Mit welcher Wahrscheinlichkeit alle 3 Münzen das Gleiche zeigen, siehst du, wenn du alle Möglichkeiten darstellst:

1. K K K
2. K K Z
3. K Z K
4. K Z Z
5. Z K K
6. Z K Z
7. Z Z K
8. Z Z Z

Alle 8 Möglichkeiten sind gleich wahrscheinlich.

Du kannst sehen, dass nur in zwei Fällen drei gleiche Symbole auftreten. Die Wahrscheinlichkeit dafür ist also 2 : 8 bzw. ein Viertel. In sechs Fällen zeigen die Münzen nicht die gleichen Symbole. Die Wahrscheinlichkeit dafür ist drei Viertel der Fälle. Anders gesagt: Jill würde auf lange Sicht 3 von 4 Spielen gewinnen. Jack müsste ihr 1,50 Euro zahlen. Für das eine Mal, in dem Jack gewinnen würde, würde sie ihm 1 Euro zahlen. Jill macht bei vier Würfen im Schnitt einen Gewinn von 50 Cent.

## 196. Die Könige

Wir nummerieren die sechs Karten von 1 bis 6 und nehmen an, dass die zwei Könige die Karten 5 und 6 sind. Nun listen wir alle Kombinationen von 2 aus 6 Karten auf:

| | | | | |
|---|---|---|---|---|
| 1–2 | 2–3 | 3–4 | 4–5 | 5–6 |
| 1–3 | 2–4 | 3–5 | 4–6 | |
| 1–4 | 2–5 | 3–6 | | |
| 1–5 | 2–6 | | | |
| 1–6 | | | | |

Du kannst feststellen, dass die Könige (Karten 5 und 6) in 9 der 15 Paare erscheinen. Weil jedes Paar gleich wahrscheinlich ist, wird auf lange Sicht in 9 von 15 Fällen ein König aufgedeckt. Deshalb ist die Wahrscheinlichkeit, einen König aufzudecken, drei Fünftel. Das ist besser als die Hälfte, deshalb ist Antwort (a) richtig, dass es wahrscheinlicher ist, dass mindestens ein König aufgedeckt wird.

## 197. Ampeln

Die Antwort lautet: ⅛, ¼, ⅜, ¼, ⅛ Kilometer.

Da Robert in weniger als 2 Minuten durch das ganze System fuhr, beträgt die gesamte Entfernung weniger als 2½ Kilometer, und jeder Abschnitt ist nicht länger als 1¾ Kilometer. Wenn wir die drei Ankunftszeiten bei allen möglichen Positionen der ersten Ampel (Grün von 3–16 Sekunden, 29–42 Sekunden, und so weiter) erfassen, ist die einzige Entfernung, bei der alle drei durchfahren können, ⅛ Kilometer:

| Erste Ampel | Ankunft mit 30 km/h | Ankunft mit 50 km/h | Ankunft mit 75 km/h |
|---|---|---|---|
| ⅛ | 15 Sekunden | 9 Sekunden | 6 Sekunden |
| ¼ | 30 Sekunden | 18 Sekunden (ROT) | |
| ⅜ | 45 Sekunden (ROT) | | |
| ½ | 60 Sekunden | 36 Sekunden | 24 Sekunden (ROT) |
| ⅝ | 75 Sekunden (ROT) | | |
| ¾ | 90 Sekunden | 54 Sekunden (ROT) | |

Robert kommt bei der letzten Ampel an, als sie gerade umschaltet. Eine Tabelle, die jeweils ⅛ Kilometer mit einer Abfolge der Ampelschaltungen (sollte es an der jeweiligen Stelle eine geben) zeigt, dass die einzige Entfernung, bei der ein Umschalten mit Roberts Ankunft zusammenfällt, 1¼ Kilometer hinter dem Start liegt. (Eine Ampel, die z. B. ¼ Kilometer hinter dem Start liegt, wäre 15 Sekunden später grün als die erste Ampel, eine, die ⅜ Kilometer hinter dem Start steht, 30 Sekunden später, und so weiter.

Die Tabelle zeigt auch, da Robert nicht anhalten muss, dass ¼, ⅝ oder 1 Kilometer vom Start entfernt keine Ampel steht. Die Information über Hubert ermöglicht uns, die restlichen Abstände zu errechnen.

## 198. Der Feiertag

Angenommen, es liegen $n$ Tage zwischen aufeinanderfolgenden Feiertagen, die Tempelglocken läuten alle $x$ Minuten und die Klosterglocken alle $x$ + p Minuten. Weil die beiden Glocken sich abwechseln, ist die Situation folgende:

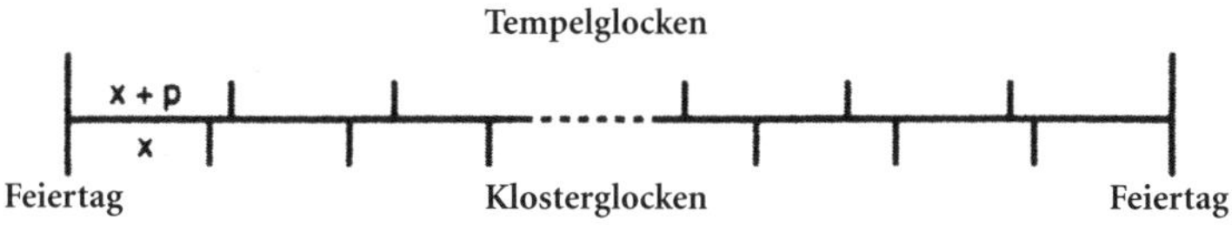


Die Pausen zwischen dem Läuten sind p, 2p, 3p, ..., 3p, 2p, p. Da eine Pause 1 Minute dauert, folgt daraus, dass p = 1. Da die Tempelglocke zum ersten Mal 1 Minute nach der Klosterglocke läutet, läutet sie zum 2. Mal 2 Minuten nach der Klosterglocke und zum x-ten Mal x Minuten nach der Klosterglocke.

Deshalb gibt es in den $n \times 24 \times 60$ Minuten zwischen den Feiertagen exakt $x$ Intervalle von $x + 1$ Minuten. Darum gilt: $x(x + 1) = 1440 \times n$.

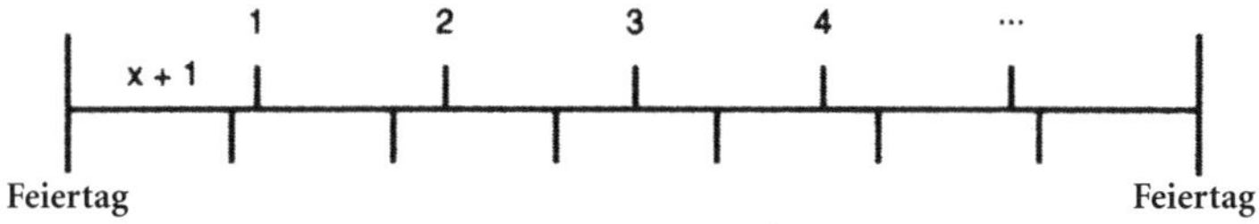


Das Problem besteht darin, eine solche Primzahl $n$ zu finden, dass $1440 \times n$ das Produkt von zwei aufeinanderfolgenden ganzen Zahlen ist. Die offensichtlichen Kandidaten sind $n = 1439$ und $n = 1441$, und tatsächlich ist 1439 eine Primzahl. Deshalb lautet die Lösung: 1439 Tage.

## 199. Der Uhrmacher

Die Antwort lautet: um 9.48 Uhr am vorherigen Montag.

Wir wissen aus der Frage, dass der Beobachtungszeitraum weniger als 8 Tage war. Da die beiden Uhren unterschiedliche Zeiten anzeigen und weniger als 60 Minuten am Tag vor- oder nachgehen, können sie nicht beide vorgehen oder beide nachgehen, denn die schnellere Uhr könnte die langsamere in so kurzer Zeit nicht um 12 Stunden überholen. Daher muss eine Uhr $x$ Minuten pro Tag vorgehen und die andere $y$ Minuten pro Tag nachgehen. Nach einer tatsächlich vergangenen Zeit von $m$ Minuten müssen beide Uhren jeweils folgende Anzahl Minuten weitergegangen sein:

$$m \times \frac{1440 + x}{1440} \text{ und } m \times \frac{1440 - y}{1440}$$

Damit beide dieselbe Uhrzeit anzeigen, muss der Unterschied zwischen diesen beiden Bewegungen 12 Stunden oder einem Vielfachen davon entsprechen, das heißt:

$$\frac{m(x+y)}{1440} - 720 \text{ etc. oder } m - \frac{720 \times 1440}{(x+y)} \text{ etc.}$$

Da $m$ bekanntermaßen eine ganze Zahl und weniger als $8 \times 1440$ Minuten ist, muss $(x + y)$ ein Faktor von $720 \times 1440$ sein, der größer als 90, aber kleiner als 120 ist, denn $x$ und $y$ sind jeweils kleiner als 60. Einzig mögliche Faktoren sind 96, 100 und 108.

Wenn $(x + y)$ 96 wäre, wäre die tatsächlich vergangene Zeit $m$ 10 800 Minuten = 7 Tage plus 12 Stunden. Diese wäre jedoch außerhalb der Öffnungszeiten der Uhrmacherwerkstatt zu Ende gewesen, und der Uhrmacher hätte die beiden Uhren nicht gemeinsam schlagen hören. Auch wenn $(x + y)$ 108 wäre, wäre die tatsächlich vergangene Zeit 9600 Minuten = 6 Tage plus 16 Stunden, die wieder außerhalb der Öffnungszeiten zu Ende gewesen wären, denn von 17 Uhr bis 9.30 Uhr sind es bereits 16½ Stunden. Daher kann $(x + y)$ nur 100 sein, was eine tatsächlich abgelaufene Zeit von $7{,}2 \times 1440$ Minuten = $7^1/_5$ Tage ergibt. Weil beide Uhren eine exakte Anzahl Minuten weitergegangen sind, müssen sowohl $x$ als auch $y$ Vielfache von 5 sein.

Die Alternativen für die vorgehende Uhr sind deshalb, dass sie 55, 50 oder 45 Minuten pro Tag zu schnell läuft, was über die gesamte Zeitspanne 6 Stunden 36 Minuten, 6 Stunden oder 5 Stunden 24 Minuten ergibt oder eine gesamte Vorwärtsbewegung (bei 7 Tagen +) von 11 Stunden 24 Minuten, 10 Stunden 48 Minuten oder 10 Stunden 12 Minuten. Weil die Uhren beide 8 Uhr schlugen, können sie entsprechend dieser Vorwärtsbewegungen um 8.36 Uhr, 9.12 Uhr oder 9.48 Uhr gestellt worden sein. Nur 9.48 Uhr des vorhergehenden Montags liegt innerhalb der Arbeitszeit des Uhrmachers.

## 200. Die Brücke

Michael brach in Richtung Stadt B auf, sobald er die Wache in ihrem Häuschen verschwinden sah. Er maß die Zeit ab und ging etwas unter 5 Minuten. Dann drehte er sich um und lief zurück in Richtung Stadt A. Die Wache kam heraus, sah Michael in Richtung Stadt A laufen und befahl ihm, „zurück“ nach Stadt B zu gehen.

## 201. Die Keksdose

Während dies auf den ersten Blick wie eine „Versuch und Irrtum“-Übung aussieht, ist ein systematisches Vorgehen möglich. Nehmen wir nacheinander von jedem Kind an, dass es den Keks gestohlen hat, und prüfen, ob die anderen Behauptungen dann mit der Bedingung kompatibel sind, dass drei Lügen sind und nur eine wahr ist. Wenn Ann der Dieb ist, ist ihre Behauptung eine Lüge, Harrys Behauptung ist eine

Lüge, Lisas Behauptung ist wahr und Freds Behauptung ist wahr. Deshalb kann dies nicht die Lösung sein.

In der Praxis spart es Zeit, die Person zu testen, die eine Behauptung über sich selbst macht – in diesem Fall Lisa. Ist Lisa der Dieb, dann ist Anns Behauptung eine Lüge, Harrys Behauptung ist eine Lüge, Lisas Behauptung ist eine Lüge und Freds Behauptung ist wahr.

## 202. Durch die Wüste

Jeder Mann bekommt 2 volle Flaschen, 1 halb volle Flasche und 2 leere Flaschen.

Begründung: Es gibt genug Wasser für 7½ volle Flaschen. Insgesamt sind es 15 Flaschen. Deshalb bekommt jeder Mann 2½ volle und 2½ leere Flaschen. Da eine halb leere Flasche dasselbe ist wie eine halb volle, kommt man zu obigem Ergebnis.

## 203. Der Panamakanal

Das westliche Ende des Panamakanals liegt in der Karibik und das östliche im Pazifik. Die Verwirrung entsteht, weil die Landbrücke ab hier einen Bogen macht. Man kann in jedem Atlas sehen, dass der Kanal von Nordwesten nach Südosten verläuft.

## 204. Die Abkürzung

Bei 40 Kilometern pro Stunde würde der Zug in den Tunnel fahren, wenn John noch zwei Achtel oder ein Viertel der Strecke vom Ausgang weg ist. Um am Ausgang auf ihn zu treffen, muss er 4-mal so schnell sein wie John, also 40 Kilometer pro Stunde.

## 205. Rot, Weiß und Blau

Es gibt sechs mögliche Paarungen der beiden gezogenen Bälle:

| | | |
|---|---|---|
| ROT | + | ROT |
| ROT | + | WEISS |
| WEISS | + | ROT |
| ROT | + | BLAU |
| BLAU | + | ROT |
| WEISS | + | BLAU |

Wir wissen, dass die Kombination WEISS + BLAU nicht gezogen wurde. Deshalb bleiben fünf mögliche Kombinationen. Die Chancen für ROT + ROT stehen 1 : 5.

Viele wollen nicht einsehen, dass die Lösung nicht 1 : 3 ist. Natürlich wäre sie das, wenn die Bälle separat gezogen und vor dem Ziehen des zweiten Balls verkündet würde, dass der erste Ball rot ist. Aber weil beide Bälle gemeinsam gezogen wurden und die Farbe eines davon verkündet wurde, muss die Lösung 1 : 5 korrekt sein.

## 206. Gemeinsamkeit

Jedes Wort enthält drei aufeinanderfolgende Buchstaben des Alphabets.

## 207. Wortgruppen

Das Wort DÜNE aus Gruppe 2 passt in Gruppe 1, denn vor alle diese Wörter kann man das Wort „Sand" setzen.

## 208. Zwei Siege

Um zwei Spiele in Folge zu gewinnen, muss Bill das zweite Spiel gewinnen. Deshalb hat er einen Vorteil, wenn er dieses gegen den schwächeren Gegner spielt. Er muss auch ein Spiel gegen den stärkeren Gegner gewinnen, und seine Chance ist größer, wenn er gegen ihn 2-mal spielt. Die erste Partie sollte also gegen seine Mutter sein.

## 209. Suche x

Wenn man jede Seite zum Quadrat nimmt:

$$x + \sqrt{x + \sqrt{x + \sqrt{x}}} \ldots = 4$$

und wenn, wie angegeben, gilt:

$$\sqrt{x + \sqrt{x + \sqrt{x}}} \ldots = 2$$

dann gilt: $x + 2 = 4$; daher: $x = 2$.

## 210. Taschen voller Münzen

Die kleinste Anzahl Münzen in einer Tasche ist 0. Die nächstgrößere Anzahl ist mindestens 1, die nächstgrößere 2 und so weiter, bis die Zahl in der 9. Tasche mindestens 9 ist. Deshalb ist die Anzahl an Münzen, die er mindestens braucht:

$$0 + 1 + 2 + 3 + 4 + 5 + 6 + 7 + 8 + 9 = 45$$

Weil Freddy nur 44 Münzen hat, kann er das nicht hinbekommen.

## 211. Der Sechs-Gallonen-Hut

Die Lösung besteht darin, den Inhalt von Gefäß A auf 6 Gallonen zu reduzieren.

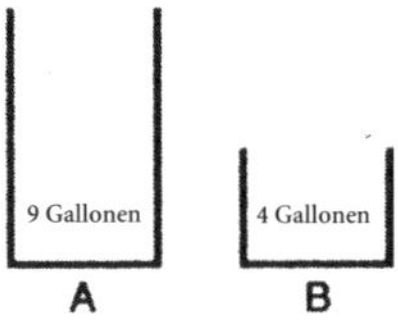


Das lässt sich folgendermaßen erreichen:

1. Fülle A mit Wasser.
2. Gieße 4 Gallonen in B.
3. 5 Gallonen sind noch in A.
4. Schütte den Inhalt von B weg.
5. Fülle B aus A nochmal auf – in A bleibt 1 Gallone Rest.
6. Schütte B wieder aus und gieße die 1 Gallone von A in B.
7. Fülle A wieder auf.
8. Fülle B aus A auf. Dazu brauchst du 3 Gallonen, und in A bleiben 6 Gallonen.

## 212. Eine Gänseherde

Wir wissen, dass für jede Gans so viel gezahlt wurde, wie Gänse in der Herde waren. Wenn die Zahl der Gänse $n$ ist, bekamen die Brüder also insgesamt $n \times n$ Euro. Dieser Betrag wurde in 10-Euro-Scheinen bezahlt und ein weiterer Betrag $< 10$ in Münzen. Weil George den ersten und den letzten Schein bekam, muss die Anzahl ungerade gewesen sein. Weil das Quadrat jedes Vielfachen von 10 eine gerade Anzahl Zehner enthält, muss $n$ mit einer Ziffer enden, deren Quadrat eine ungerade Anzahl von Zehn enthält. Nur zwei Zahlen, 4 und 6, ergeben im Quadrat solche Werte: 16 und 36. Beide Quadratzahlen enden mit 6, deshalb ist $n^2$ eine Zahl, die mit 6 endet. Der Betrag, den sie in Münzen ausgezahlt bekamen, belief sich also auf 6 Euro.

Nachdem Guy die 6 Euro bekommen hatte, besaß er immer noch 4 Euro weniger als George. Deshalb stellte ihm der ältere Bruder einen Scheck über 2 Euro aus.

## 213. Drei Punkte auf der Halbkugel

Die Wahrscheinlichkeit ist 1, es ist also sicher. Drei beliebige Punkte auf einer Kugel liegen immer auf einer Halbkugel.

## 214. Bridge-Karten ausgeben

Der Austeilende gab sich selbst die unterste Karte des Stapels und teilte die weiteren Karten von unten gegen den Uhrzeigersinn aus.

## 215. Der 50-Euro-Schein

Weil bei jeder Transaktion der gefälschte Schein verwendet wurde, waren alle Transaktionen ungültig. Deshalb schuldete jeder seinem Gläubiger genauso viel wie zu dem Zeitpunkt, bevor der Bankdirektor den gefälschten Schein aufgehoben hatte.

## 216. Das Radrennen

12 Minuten.

## 217. Der Nordpol

Wenn Westen und Osten stationäre Punkte wären und Westen auf der linken Seite liegt, wenn du Richtung Norden gehst, dann würde Westen auf deiner rechten Seite liegen, wenn du über den Nordpol gegangen wärst und dich umgedreht hättest. Aber Westen und Osten sind keine festen Punkte, sondern Richtungen auf der Erdkugel. Wo immer du stehst und nach Norden schaust, ist Westen auf deiner linken und Osten auf deiner rechten Seite.

## 218. Kartenspiele

Neun. Jack hat drei Partien gewonnen und 3 Euro bekommen. Jill hat 3 Partien gebraucht, um diese 3 Euro zurückzugewinnen, und drei weitere Partien gewonnen.

## 219. Langspielplatte

Etwa 3 Zoll. Die Nadel bewegt sich von der äußersten Position zur Mitte in einem Kreisbogen, dessen Radius der Länge des Tonarms entspricht.

## 220. Welche Sportart?

Einer praktiziert gar keine der drei Sportarten, also üben die anderen beiden alle drei Sportarten aus.

## 221. Welcher Tag ist heute?

Heute ist Sonntag.

Die Zeichnung unten hilft beim Verständnis:

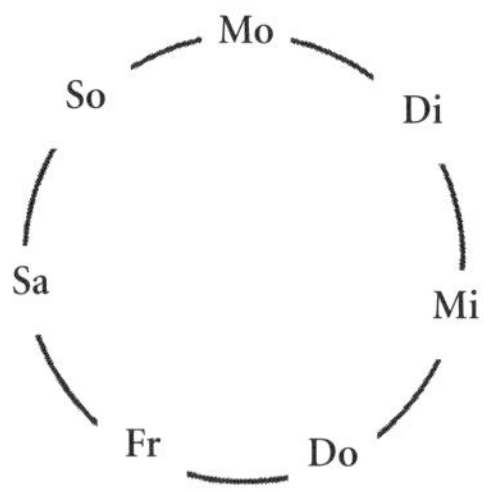


Wähle einen beliebigen Tag, sagen wir Dienstag. Dann gilt:

1. Wenn der Tag nach morgen (Donnerstag) gestern ist (Montag), sind 4 Tage vergangen.
2. Wenn der Tag vor gestern (Sonntag) morgen ist (Mittwoch), sind 3 Tage vergangen.
3. Heute ist deshalb 7 Tage von Sonntag entfernt, also ist heute Sonntag.

## 222. Beutel mit Münzen

Er verteilte das Geld auf die 10 Beutel folgendermaßen: 1 Euro, 2 Euro, 4 Euro, 8 Euro, 16 Euro, 32 Euro, 64 Euro, 128 Euro, 256 Euro, 489 Euro.

## 223. Garagenplatz

Nehmen wir für die Anzahl seiner Lastwagen *x*. In der Garage ist Platz für (*x* – 8) Lastwagen. Nach Vergrößerung der Garage um 50 Prozent ist Platz für (x + 8) Lastwagen.

$$(x-8)+\frac{(x-8)}{2}=x+8$$

$$3(x-8)=2(x+8)$$

$$3x-24=2x+16$$

$$x=40$$

## 224. Schokoladenkekse

| | *Joan* | *Jane* | *Jill* |
|---|---|---|---|
| | 4 Kekse | 3 Kekse | 14⁄3 Kekse |
| *oder* | 12 | 9 | 14 |
| *Gesamt* | 264 | 198 | 308 |
| *Alter* | 6 | 4½ | 7 |

## 225. Orientierungslos

Stelle den Wegweiser wieder so auf, dass das Schild, das zu dem Ort weist, aus dem du gekommen bist, in die korrekte Richtung zeigt. Alle anderen Schilder werden dann auch die richtigen Richtungen anzeigen.

## 226. Rätselhaftes Alter

Diese Aussage wurde am 1. Januar gemacht. Peter hat am 31. Dezember Geburtstag. Vorgestern war er 17. Gestern, am letzten Tag des Jahres, war sein 18. Geburtstag. Er wird am letzten Tag dieses Jahres 19 und am letzten Tag des nächsten Jahres 20.

## 227. Blütenblätter

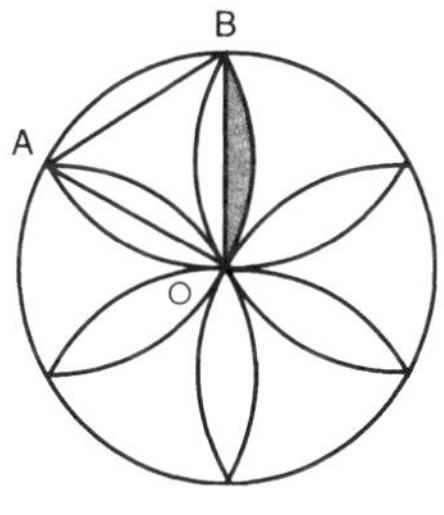


A und B seien die Endpunkte zweier benachbarter Blütenblätter und O das Zentrum des Hexenzeichens. Dann gilt: AB = OA = OB = 1 Zentimeter.

Wir sehen, dass die Hälfte eines Blütenblatts der Differenz zwischen Δ ABO und dem Segment eines Kreises entspricht (siehe Abbildung oben).

Das Dreieck ist ein gleichseitiges Dreieck, alle Seiten sind 1 Zentimeter lang. Die Fläche eines solchen Dreiecks lässt sich mit der Formel ½ Basis × Höhe berechnen.

Wenn man eine senkrechte Linie von einer der Blattspitzen zur Mitte einer Seite zieht, kann die Höhe mit dem Satz des Pythagoras bestimmt werden:

$$\sqrt{(1)^2 - (\tfrac{1}{2})^2}$$

Weil die Basis 1 Zentimeter ist, ist die Fläche:

$$\tfrac{1}{2}\sqrt{1-\tfrac{1}{4}} - \tfrac{1}{4}\sqrt{3} = 0{,}433 \text{ Quadratzentimeter.}$$

Wenn man das Kreissegment der Abbildung rechts dreht, ist der Winkel bei A 60 °, was einem Sechstel von 360 ° entspricht.

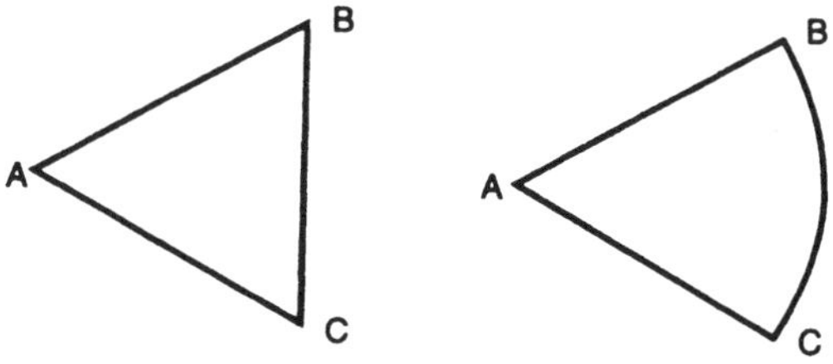


Deshalb entspricht die Fläche des Segments einem Sechstel der Fläche eines Kreises mit 1 Zentimeter Radius oder

$$\frac{\pi}{6} = 0{,}524.$$

Die Differenz dieser beiden Flächen ist die Fläche eines halben Blütenblatts. Somit entspricht ein halbes Blütenblatt:

$$0{,}524 - 0{,}433 = 0{,}091 \text{ Quadratzentimeter}$$

und die Fläche eines ganzen Blütenblatts beträgt 0,182 Quadratzentimeter.

## 228. Quadrate vom Quadrat

Indem wir den Mittelpunkt jeder Seite mit der jeweiligen Ecke gegenüber verbinden, erhalten wir 5 kleine Quadrate, wie hier abgebildet.

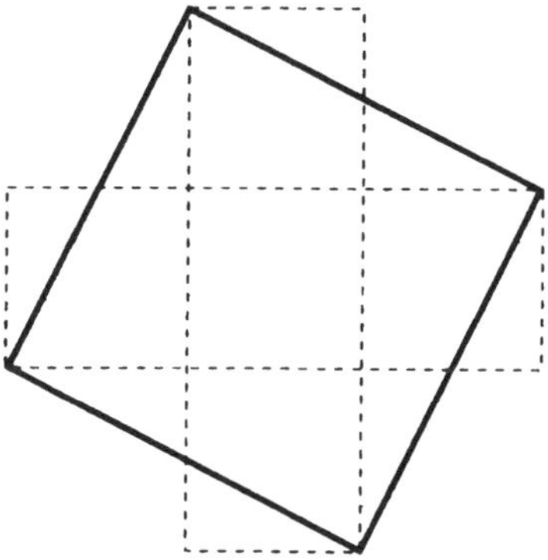

Du siehst in dieser Abbildung, dass die Flächen der kleinen Quadrate zusammengenommen der des großen Quadrats entsprechen. Die Dreiecke außerhalb des Quadrats sind kongruent mit den Dreiecken innerhalb des Quadrats.

## 229. Die Ziege

Das Seil reicht nicht ganz um den Schuppen herum, sodass die Ziege rechts und unterhalb des Schuppens nur noch einen kleineren Viertelkreis erreicht.

| | |
|---|---|
| ¾ des ursprünglichen Kreises (7 m Radius): | 115,5 m² |
| ¼ Kreis unterhalb des Schuppens (4 m Radius): | 12,6 m² |
| ¼ Kreis rechts des Schuppens (3 m Radius): | 7,1 m² |
| Neue Weidefläche: | 135,2 m² |
| Ursprünglicher Kreis: | 153,9 m² |
| Verbleibende Weidefläche: | 135,2 / 153,9 = 87,85 % |
| Zu bezahlende Pacht: | 87,85 Euro |
| Reduktion: | 12,15 Euro |

## 230. Kongruente Kreise

Drei gleiche Kreise, die jeweils durch die Mittelpunkte zweier anderer gezogen wurden, kann man so oft wiederholen, dass sich das Muster unten ergibt:

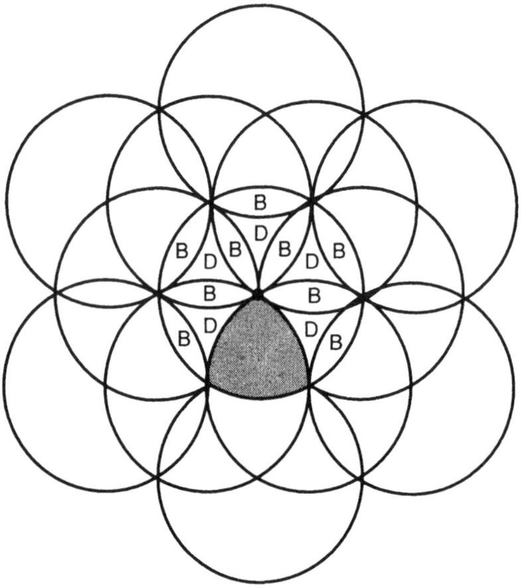


Jeder Kreis besteht aus 6 D-Formen und 12 B-Formen. Ein Viertel der Fläche eines Kreises muss deshalb 1½ D-Formen plus 3 B-Formen entsprechen. Die Fläche, die zu drei sich überschneidenden Kreisen gehört (schattiert dargestellt), besteht aus 3 B-Formen und einer D-Form. Daher ist sie kleiner als ein Viertel der Fläche des Kreises, und zwar um einen Anteil, der ½ D entspricht. Die Überschneidung dreier Kreise beträgt etwas mehr als 0,22 der Fläche eines Kreises.

## 231. Ansichten

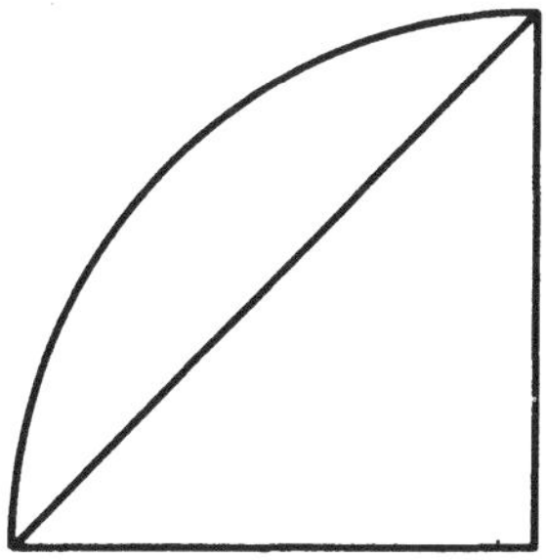

## 232. Spinne und Fliege

Der kürzeste Weg, den die Spinne zurücklegen muss, um die Fliege zu fangen, ist 40 Fuß lang, wie die Illustration des aufgefalteten Raums unten zeigt. Interessanterweise muss die Spinne auf diesem Weg über fünf der sechs Flächen (Wände, Boden, Decke) des Raums laufen.

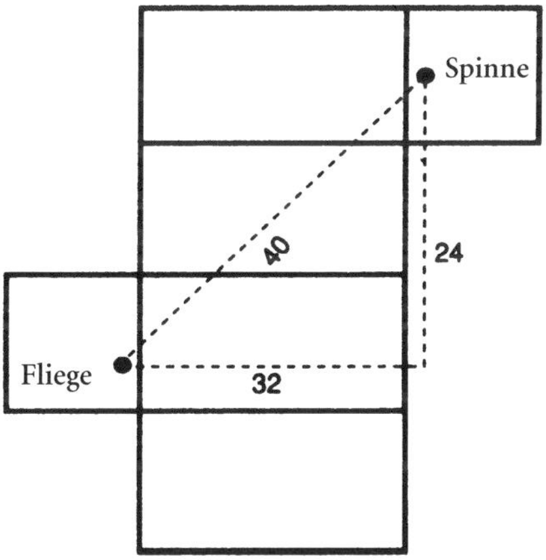

## 233. Das verschwindende Quadrat

Der Fälscher nahm 14 20-Euro-Scheine und schnitt jeden in zwei Teile, wie in der Abbildung unten gezeigt (entlang den gestrichelten Linien).

Dann klebte er die oberen Teile (mit Klebeband) so an die passenden unteren Teile des jeweils nächsten Scheins, dass aus den 14 Scheinen 15 wurden. Jeder Schein war natürlich ein Fünfzehntel kürzer, aber das bemerkte niemand.

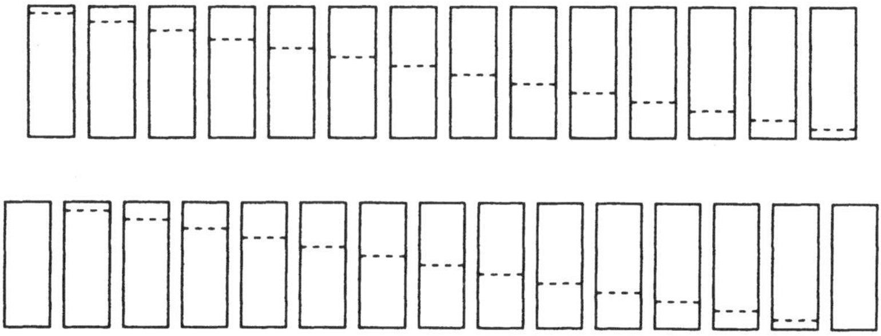

## 234. Die Allee

Die Fläche der beiden Dreiecke entspricht $\frac{5}{12}$ der Fläche des Grundstücks. Deshalb ist die kürzeste Seite jedes Dreiecks $\frac{5}{12}$ der Seite des Quadrats. Daher ist die längste Seite jedes Dreiecks $\frac{13}{12}$ einer Seite des Quadrats lang, also 812,5 Meter. Die Allee in der Mitte ist natürlich genauso lang.

## 235. Norden finden ohne Kompass

Als Erstes muss Tom eine ebene Fläche finden und den Stab senkrecht in den Boden stecken. Dann muss er markieren, wo sich die Spitze des Schattens befindet.

Nach 15 Minuten markiert er erneut auf dem Boden, wo sich die Spitze des Schattens befindet, und verbindet die Markierungen mit einer Linie. Sie verläuft von der ersten zur zweiten Markierung ungefähr von West nach Ost. So kann Tom leicht herausfinden, wo Norden ist, und seinen Heimweg antreten.